思维导图

简单、高效的思维整理术

蚂蚁 / 著

一学就会的思维导图入门书

中国法制出版社
CHINA LEGAL PUBLISHING HOUSE

图书在版编目（CIP）数据

思维导图：简单、高效的思维整理术 / 蚂蚁著 .—北京：中国法制出版社，2020.9

ISBN 978-7-5216-1192-2

Ⅰ.①思…　Ⅱ.①蚂…　Ⅲ.①思维方法　Ⅳ.①B804

中国版本图书馆 CIP 数据核字（2020）第 124077 号

策划编辑：杨　智（yangzhibnulaw@126.com）

责任编辑：周熔希　　封面设计：周黎明

思维导图：简单、高效的思维整理术

SIWEI DAOTU：JIANDAN、GAOXIAO DE SIWEI ZHENGLISHU

著者 / 蚂　蚁

经销 / 新华书店

印刷 / 煤炭工业出版社印刷厂

开本 / 710 毫米 ×1000 毫米　16 开　　印张 / 15.5　字数 /243 千

版次 / 2020 年 9 月第 1 版　　2020 年 9 月第 1 次印刷

中国法制出版社出版

书号 ISBN 978-7-5216-1192-2　　定价：59.80 元

北京西单横二条 2 号　邮政编码 100031　　传真：010-66031119

网址：http://www.zgfzs.com　　**编辑部电话：010-66038703**

市场营销部电话：010-66017726　　**邮购部电话：010-66033288**

（如有印装质量问题，请与本社印务部联系调换。电话：010-66032926）

前言

你是否经常遇到以下这些问题：

工作上，与别人交流，说了一大堆，别人仍然听不懂；写策划方案，冥思苦想了半天，却完全没有灵感；遇到问题，总是找不到根本原因，也提不出有效的解决方案。

学习上，每天强迫自己不停地学，最终的成绩却不怎么样；想要大量阅读，但速度和效果却总是提升不上来；还有记忆力也越来越差，学了那么多，读了那么多，真正记住的却没多少。

生活上，杂乱无章，毫无规划，过得一点都不充实；因为不懂得如何交流，与家人、孩子之间也形成了隔阂；努力奋斗了这么多年，依然找不到方向，面对压力，有的只是焦虑、迷茫。

很多事我们已经习惯，觉得它本应如此——工作就是这么辛苦，学习就是要这么努力，生活就是这么混乱，自己只能去接受并顺应。其实，采用好的方法，工作可以更高效，学习可以更有效，生活也可以更有条理。

要实现这些，就需要打破固有思维，换一种方式来思考，这就要用到思维导图。

思维导图是一种被称为革命性的思维工具，能够帮助我们提高左脑的逻辑思维能力，释放右脑的想象力与创造力。只要用过一次，就能体会到它的好处。

我第一次使用思维导图，是做了一份会议纪要，结果引起了很大的反响，同事们一致认为这样的形式比传统的更直观，一眼就能找到自己关心的内容，不需要像之前那样从头看到尾。所以我之后把思维导图运用到工作中的方方面面，用它来做项目报告、项目管理、活动策划、组织会议等，都取得了不错的效果，不仅效率提升了不少，工作能力也得到了很好的展示，最终在两年内便从普通员工升职为部门经理，又在一年后升职为总监。

之后我将思维导图用到学习上，用思维导图复习备考，在 2 周内突击完成了 PMP 考试，用 1 年半的时间完成正常需要 2 年时间的在职研究生学习；用思维导图进行快速阅读和做读书笔记，1 小时内最快可以读完 300 页的书，而且读完后能理解并记住；用思维导图进行写作，半小时内就能完成一篇公众号文章，1 小时内完成 5000 字，半年内即完成出版了第一本书《好好工作：个人效能管理精进指南》，后续又用 3 个月的时间完成第二本书《自控力：21 天打败拖延》，完成本书用的时间长一些，大约 5 个月。

生活上我也用思维导图来进行管理，减少了混乱，过得更加有条理。同时我也在指导更多的人使用思维导图，指导一位同事在演讲前 5 分钟内完成演讲稿，顺利完成演讲；用思维导图教小学生学习，半小时内即背出 1 天都背不出的文章。

思维导图的好处有很多，也吸引了很多人来使用，但大多数的使用只是停留在“形”，核心的“思”却很少。要知道，不是画个圈，围绕四周画几条线就是思维导图，也不是画得很漂亮，颜色很丰富就是思维导图。思维导图的关键在于如何引导更多、更有效的思考。

本书的目的不只是学会怎么画思维图，还要改变思维方式，从而提高思维能力，最终达到应用和提高的目的。书中都是全面系统的干货经验，不讲大道理，直接给你步骤和模板，模仿着画，短期内就能学会使用。不管你是在校学生、在职人士，还是家长，都有对应的实例。真正从工作、学习、生活上全面应用，改变工作方式，提升解决问题和表达的能力；排除学习障碍，提升学习效果；告别迷茫，轻松生活。

目录

CONTENTS

第三章 突破固有思维，做最优秀的灵感捕手

第四章 分析问题根源，提出合理的解决方案

第五章 汇报工作是门技术活儿，思维导图理思路

第六章 面对海量信息，快速抓取重点

第一章

入门必修：走进思维导图世界，了解核心理念

走进思维导图——手把手教你完成第一幅思维导图

我们经常听说思维导图，也听了很多关于它的好处，但轮到自己画的时候，还是不知道如何下手。本节我们先来亲自画一画，不管是否规范，至少知道如何下手，在画的过程中体会一下传统的思维方式和用思维导图来思考的方式有何不同。

开始之前，先要准备好纸和笔。纸张最好是空白的，不要带任何线条，具体原因会在下一章节进行说明。纸最好是 A4 大小，就是常见的打印纸大小。可以从公司拿一些打印过的纸，用反面来进行练习。笔最好多准备几支，除了常用的黑色签字笔外，还要一些不同颜色的彩色笔，至少要有 4 种颜色，因为思维导图的一个特点就是颜色比较丰富。

这里要强调一下，学习思维导图一开始一定要手绘，不要一上来就直接用软件工具来画。思维导图的优点是可以发散，产生更多的联想，一开始直接用工具画会限制这些联想，特别是在对思维导图还不熟悉的情况下。而手绘就很自由，想怎么画就怎么画。同时手绘也能激发学习的热情，可以形成自己的特色，这也就是一些大师仍然坚持手绘的原因。这里建议学习思维导图，先给自己定个目标，手绘 100 张，当你画完 100 张后，再来用软件工具。

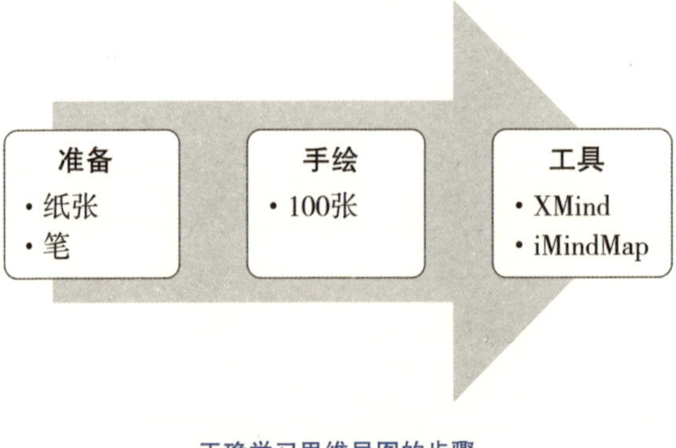

正确学习思维导图的步骤

准备好以后接下来再来了解一下思维导图的定义，到底什么叫作思维导图。

思维导图的定义是通过对信息进行系统化的整合，从而开启大脑新的思考，也就是激发联想。它是通过不同颜色来区分不同的主题，通过线条来表达逻辑概念，同时通过图像和符号来突出重点所在。

根据定义，可以得出思维导图的一个简单画法，就是先画一个中心主题，中心主题是用来捕捉主要内容的，一张思维导图只有一个中心主题，也就是同一时间段内只能思考一个点，不能一心二用；画好中心主题，接下来就是围绕中心主题向四周散开来画不同的分支，不同的分支用不同的颜色，对应不同的主题；接着每个分支再继续细化，就是发散联想的过程；每个分支上只保留关键词或关键图像，而不是很长的一句话。

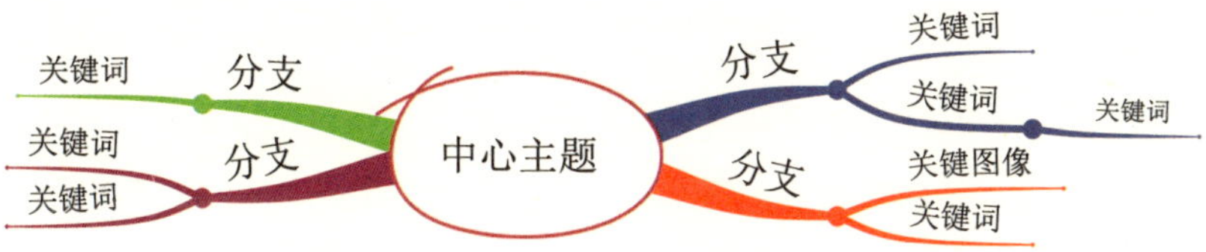

思维导图简单画法

思维导图的应用非常广泛，一切用到大脑的地方都可以用它，比如工作中可以用它来处理任务，与人沟通，提升创新能力，提升工作效率等。我第一次将思维导图用到工作上是做了一份会议纪要，引起了强烈的反响，同事和领导一致认为这种形式更易于获取信息。后续也更多地将思维导图用到项目管理、活动策划等诸多方面，不但效率提高了，工作能力也得到了很好的展示，在短短两年时间内，就实现了从普通员工到总监的转变。学习上可以用思维导图改变学习方法，提高学习效率，还可以提高记忆力。工作以后没有那么多时间和精力去学习，就更需要掌握高效的学习方法。我曾经用思维导图复习备考，在两周内突击完成了PMP 的考试。在整个在职研究生的学习过程中我也全部采用思维导图，用一年半的时间就完成了正常需要至少两年时间的学习。除了这些，生活上也可以用思维导图整理思路，减少混乱，从而更有条理地生活。此外，用思维导图进行亲子教育也非常有意义。

介绍了这么多思维导图的好处，接下来就让我们画一张体会一下。通过思维导图的方式来做一个自我介绍。

首先，回忆你平常是怎么做自我介绍的？会从哪几个方面来介绍自己？大部分人肯定是按固定的套路：我叫某某某，来自哪里，做什么工作，有什么兴趣爱好，等等。这是最常见的一种自我介绍方式，缺乏新意，你说完了，大多数人可能也很难对你形成深刻的印象。

这是思维固化的一种表现，别人都这么介绍，那我也这么说。其实很多人想要介绍出新意，可又不知道该怎么做。这时候，不妨使用思维导图，完全可以达到创新的目的，从而给别人留下深刻的印象。

用思维导图来做自我介绍，分为七个步骤，接下来请拿出纸和笔，我们一步一步来画。

首先，第一步是画中心主题。

在纸张的中心位置，不需要很严格，差不多的一个中心位置就可以。可以简单地先画一个圈，然后写上你的名字；或者把中心位置替换成你的图像，直接把你的照片贴上去；绘画能力好的可以画一个自画像。

不妨对比一下，文字和图像，哪个对你更有吸引力？还是建议能用图像的就用图像，不管画得好看不好看，至少颜色比较有吸引力。有了吸引力，就能把你的大脑和眼睛的注意力集中到这个主题上，也能激发想象力，引发更多的联想。

接着是第二步，即清空大脑的过程。

思维为什么会乱，就是因为经常只是在大脑里想，想了一堆，却不知道哪些是有用的。做自我介绍，想了很多，什么都想介绍，但说的时候就又忘记了。所以围绕中心主题，先把你所有能想到的，想要介绍给别人的都写下来，想到什么就写什么。每写一个就画一条线，围绕中心四周来画，不同的线用不同的颜色。同时在线条上面写上你想介绍的，尽量用最少的字来表达。

画出中心主题

做自我介绍的时候肯定得有名字，除了这个，还想介绍一些网名、昵称之类的；除了介绍来自哪儿，还可以介绍目前在哪儿；除了介绍现在做什么工作，还可以介绍之前做过的工作。这一步只需要画，不需要考虑正确与否，或者说这些介绍给别人好不好，别人愿不愿意听，只要你能想到的，就先全部画出来。

这就是清空大脑的一个过程。思维导图主要是用来整理思维的，要整理，先要知道想了哪些，清空出来放一边，然后再整理。

接下来就是第三步，即整理的过程。

列出大脑中所有想到的

最简单的一种整理就是分类，像刚才说的名字，还有网名、昵称之类的，都属于姓名；之前在做什么工作，目前在做什么工作，都可以归到职业里。

先来对你刚才列出想介绍的内容进行一个大致分类，看看可以分为几大类。接着请重新拿出一张纸，还是先把中心主题画好，重新围绕主题四周来画分支，有几个分类就画几个，把分类名称写上去。

这里如果是用软件来画，直接拖曳就可以，手绘就有点麻烦。但不要怕麻烦，刚开始学习思维导图，清空后再整理是必需的，等你掌握了思维导图的完整用法，还有后面我们介绍的不同思维方式，上面的第二步就可以直接跳过，不需要列出后再整理，可以直接先有分类再来列内容。

经过分类整理后，再来比较一下，是不是觉得清晰了一点，不会很混乱，不会不知道从何说起了？

划分分类整理思路

接下来第四步是继续展开每个分类。

像刚才说的网名，为了让别人有点印象，可以把它的来历简单说一下。

我的网名是蚂蚁，叫这个名字是因为我觉得蚂蚁虽然身体很小，但是力量很大，代表那种坚强不屈的精神。还有现在的居住地，为什么要来这个地方，之前我在山西，现在来到山东威海，为什么要来威海？因为自己喜欢大海，就想过上那种“面朝大海，春暖花开”的日子，所以就来了。

这些都可以把它们细化一下，只说结果没什么意思，说一下经历才会比较有意思。

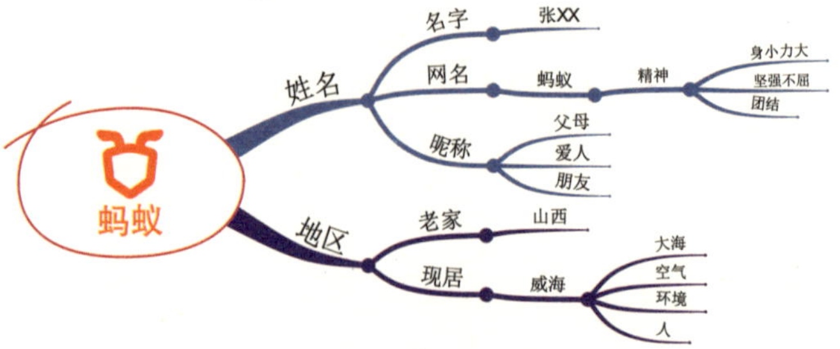

展开细化，加深印象

接着第五步是从整体上来看，再细化补充一下。

经过了前面四个步骤以后，自我介绍已经比较完善了，但是像我们前面说的，经常是在做完介绍后，又后悔还有地方没有说，那现在就来整体看一下，你觉得哪儿还有遗漏，把这些补充上去。

这也是思维导图的一个优点，有整体性，一张图就可以看得比较全，整体看下来，比较容易看出少了什么。还有一点是它能够激起更多的思考。刚才是大脑里想到什么就列什么，这样想得也不是很全，现在分好类，针对每个分类来想想，就会想到更多。

之前介绍姓名就只能想到真实姓名，网名是什么，其实还可以介绍一下自己的小名，父母是怎么叫你的，朋友是怎么叫你的，这些也可以放上去，让它更完善。地区之前只介绍自己的出生地，后来在哪儿，目前在哪儿，还可以介绍你大学是在哪儿上的，也许有同一个学校的，可以拉近关系。这些可以再细化一下。

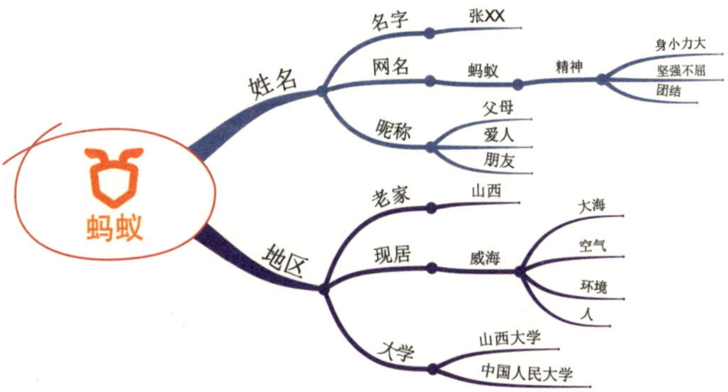

针对每个分类继续补充

补充完了，接着就是第六步图像化。

思维导图的一个特点就是图像比较多，采用图像一是为了引发更多的联想，二是为了方便记忆。所以，把刚才的文字，能图像化的尽量转成图像。这里插一句，思维导图并不是图像越多越好，还有图像也不是乱画、乱选择的，而是有一些要求的，后面我们再来详细说明，这里可以先不管，先尽量多地图像化。

像刚才说的，我的网名叫蚂蚁，完全可以用一张蚂蚁的图片来说明，这样更直观；还有刚才说到海，可以放一张大海的图片；说到自己喜欢读书，放上书是不是更好？

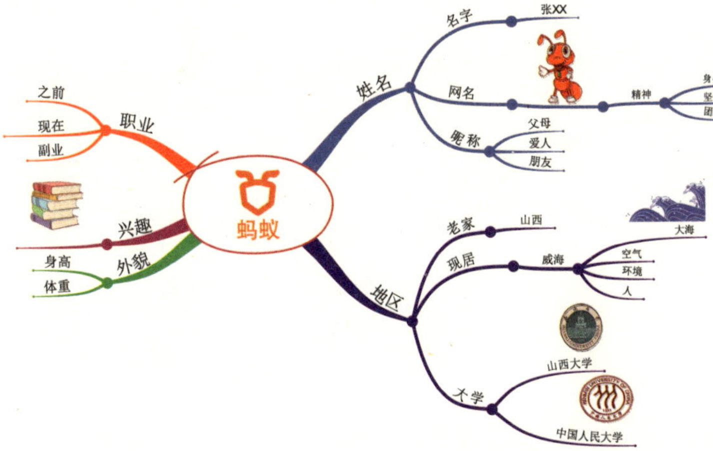

将文字用图像代替

图像化后，这个图看起来像那么一回事了，有分支，有图片，有颜色，已经比较接近了。

对比一下刚开始全是文字的思维导图，再来看现在有图像的，你觉得哪个更有吸引力，哪个好记一些？肯定是有图像的好一些。等熟练了之后，再画思维导图可以直接画图像，不需要先写出文字再转成图像。

最后是第七步，来整体回顾调整一下。

刚才介绍思维导图的定义时，其中一个特点是可以突出重点，那现在，可以来看看哪一部分是自己重点要介绍的。

画了这么多，但真正做自我介绍的时候，有时候是没有那么长时间让你都说完的，需要根据时间的长短来进行取舍。比如，只给你 1 分钟，1 分钟内你要说哪些。把自己觉得比较有特点的、重点的地方用一些符号来标明。

姓名里面有真实姓名，还有昵称、小名、网名等，网名是比较有特点的，在时间短的情况下，那我就只介绍真名和网名，重点介绍网名就可以了。做过很多职业，同样也是只介绍比较有特色的就可以了。这也是思维导图的一个好处，比较灵活，可以灵活地进行调配。

同样地，还可以把自己觉得不太好的，不想介绍的删除，像外貌，没有什么特别的，而且是别人可以直接看到的，就可以删除，不再单独介绍。

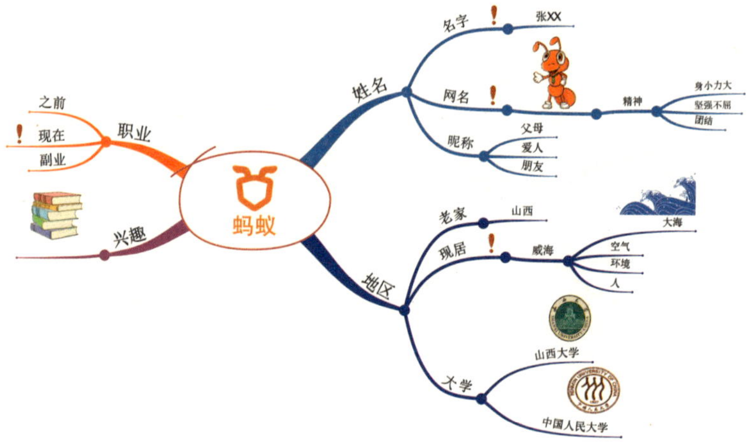

标注重点，删除多余

最后整体来看一下，这样的一个自我介绍是不是更好？画完后，可以用手机拍张照，不管在什么场合，只要需要自我介绍，就拿出来，对照着思维导图，根据场合和时间来做介绍，全面、灵活，还有特色。

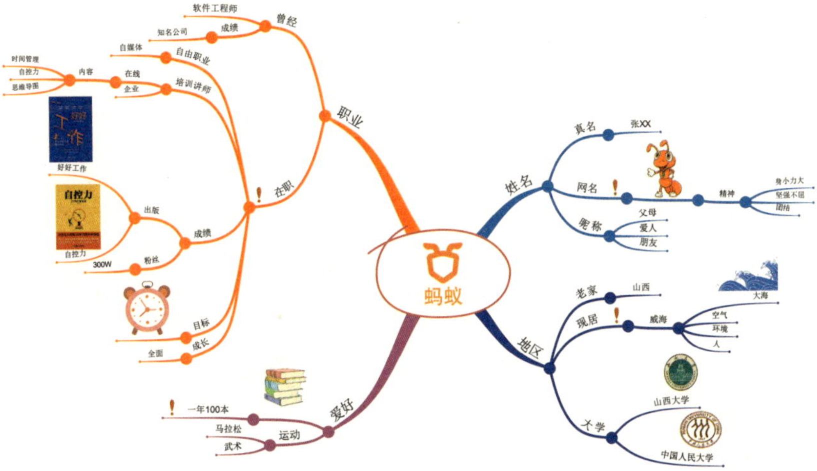

完善后的自我介绍

最后我们来说一下学习思维导图需要注意的一些事项。

学习思维导图是从模仿开始的，不要管自己的风格等问题，先模仿，可以找一个现成的思维导图去画，比如自我介绍，如果实在不知道自己该怎么介绍，可以照着上面说的来画一张。

另外要注意，并不是围绕着一个中心的四周画分支就是思维导图，有些人会把一些流程图、概念图也当作思维导图。思维导图的核心是能够产生联想，要突出重点，条理清晰，所以它的分支之间有一定的逻辑关系和结构层次，不是随便画的，不能让你产生更多联想的思维导图就不叫作思维导图。

还有思维导图的关键词，很多人不会提取关键词，觉得太麻烦，就不愿意提取了，从而把整句话都放上去。像一些人在做读书笔记时，就把整句话放了上去。这也是不对的。建议刚开始学习思维导图的时候，可以给自己制订一个规则，每一个分支上面的字不超过 4 个，想办法限制。等我们后面学了如何提取关键词之后再来调整。

最终评价一张思维导图好不好，要看它的主题是不是明确，整体的结构是不是合理，还有线条颜色的应用是不是合理，最关键的是能不能让你产生联想。

任何学习都不能太急，像一开始说的，至少要画完 100 张后才能说是入门了。任何学习都需要先有一定的理论基础，然后才谈应用，所以建议先学好理论基础，再来说具体如何应用。

本节练习：

1. 参照下方模板，手绘完成一张自我介绍思维导图。

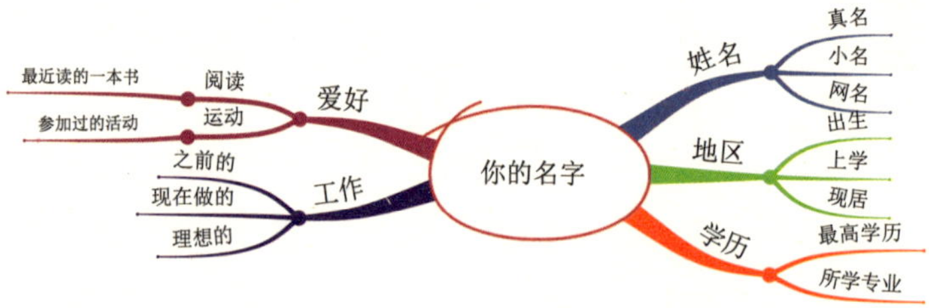

2. 对照思维导图分别做一个 1 分钟和 5 分钟的自我介绍。

本节导图：

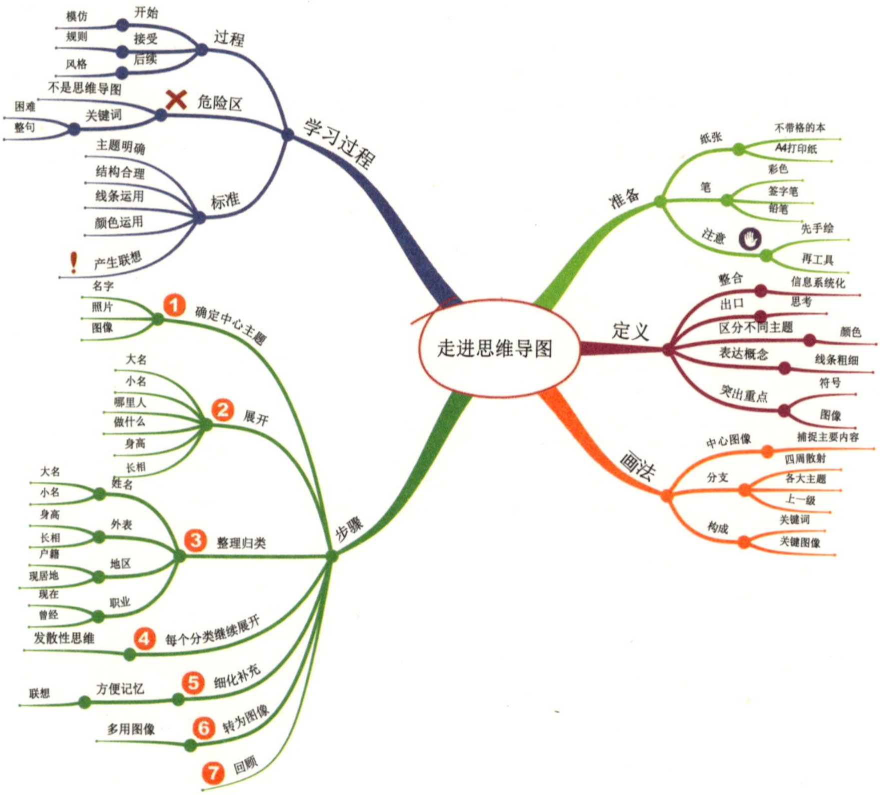

模仿是为了更好地学习——思维导图的六大原则

任何事多多少少都有一些必须遵循的规则，思维导图也不例外。思维导图的主要目的是整理和发散思维，现在大部分人在使用过程中，只是发挥其整理的作用，并没有发挥其发散的作用，为了更好地发散联想，需要遵循一些规则。按照这些规则画下去，你的思维导图才能越来越正规。这些规则主要有六个，也就是我们说的思维导图的六大原则。

第一个原则是针对纸张的要求。

上一章节也说到，刚开始学习思维导图尽量先手绘，手绘就需要用到纸张。选择纸张时最好是空白纸张，没有任何的横线、格子之类的。为什么一定要空白纸张？主要是为了给你一种自由的感觉，想怎么画就怎么画。一旦有了横线或格子，在画的过程中，就会不知不觉地顺着线条来画。

来想一想，当你分别在空白的纸和带横线的纸上写字，是在空白的纸上能写整齐还是在带横线的纸上能写整齐？肯定是带横线的纸。有了线大脑就会被限制，会在写的过程中默认不能超过线之类的，所以会对思维造成一些干扰和限制。为了实现自由联想，还是不要用带横线的纸张。

纸张建议用 A4 的打印纸。纸太大，画出来的思维导图会比较分散，这样对视线会有一定的影响，达不到一目了然的效果，一张图就能了解整个过程；纸太小，画出来又会显得很挤，甚至有时候完全放不下，这样看起来就不太舒服，更别说美观了。

建议画的时候把 A4 纸横过来画，这样方便画分支。画好中心主题，围绕四周来发散是比较好的。如果你竖着画，那上面和下面就会形成空白，整体的效果也不太好。

建议手绘的时候不管什么情况下都横着来。如果你是用软件来画，当你的分支小于 4 个时，是可以竖着来画的。就是把中心主题放到左边，所有的分子都放到右边。因为软件上的纸张大小是不受限制的，分支少竖着来更方便查看。

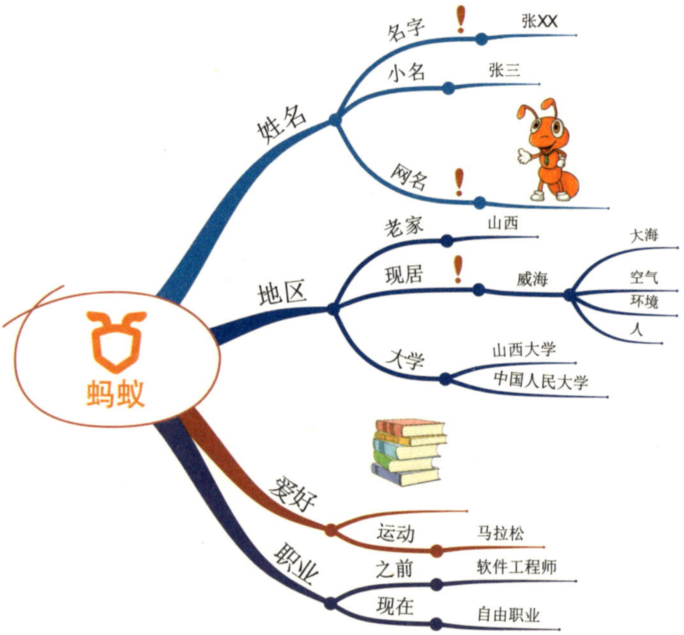

分支小于 4 个竖着画

为了形成一个统一的观念，可以不去纠结到底该横着还是竖着，建议无论手绘还是用软件，不管分支多少，都统一横着来。

第二个原则是针对图像和图标来说的。

思维导图的一个特点是图像化，能把文字转成图像的就最好转成图像，能用图标表达的就尽量用图标来表达。但在转换的过程中需要注意以下几点。

先来说中心图像，中心图像就是中心主题，这个建议是将中心主题全部用图像来表达。这样可以突出主题，而且图像能够引起更多的联想。但是现在很多人在画的过程中会过于侧重画得好不好看，颜色用得丰不丰富，这是不对的。不要把中心图像当作一幅图来画，只要画得差不多，能表达意思就可以了。

同时中心图像不要用符号来表达。常见的符号像用叹号表示重点，用对钩表示正确，用叉表示错误。这些放到分支上面和关键词配合使用，还是比较容易明白的，但放到中心主题上，就不容易明白了。先不管别人能不能明白，大部分过了一段时间后，自己也不知道自己要表达什么意思了。

说到这里要插一句，思维导图大部分是针对自己来弄的，所以只要你能明白是什么意思就可以了，并不一定非要让别人也明白。因为很多人在画的时候都会担心别人不明白，这是没必要的。但是在工作中使用时，需要别人来看的，如一些工作汇报、会议纪要等，这一类的需要相对正式一点，所以最好直接用文字来表达，少用一些图像，这样还比较节省时间。

在画中心图像时可以给自己限定一个时间，最多 5 分钟，在 5 分钟内必须画完，不要花太多的时间在中心主题上面。这也是很多人经常犯的一个错误。用思维导图的好处是它比较快捷、效率高，花太多的时间在画图上，是不合算的。

还有中间图像的大小也有规则。看过很多人画的思维导图，中间图像会占很大的面积，一张 A4 大小的纸，基本上就会占 1/3，这也是不太好的。

中心图像的大小，一般情况下就是自己的一个拳头的大小。把你的手握成拳头大小，竖着放到 A4 纸的中心位置，这个大小是合适的。画太大，只会让注意力集中在中心上，不便在分支上引起联想；画太小，视觉上看的没有那么大气，起不到突出中心主题的作用，也不太美观。

同时这里需要注意一下，就是画的图像一定要和自己的主题一致。虽然刚才说自己能明白就行，但也不能差得太大。比如用思维导图做读书笔记，这本书是关于跑步的，那画个跑步的图像是比较容易理解的。如果你画一个水果或者别的图像，那就差得大了，和跑步没什么关系。尽量保持一致，才能发散更多和主题相关的内容。

想要把中心图像画好，还需要有一定的绘画基础，需要掌握一些简笔画的技巧，这就需要多画了。如果实在没有绘画方面的天赋，手绘思维导图时，可以采用一些简单的画法。最常见的就是画一个圈，里面写上中心主题，还可以画成方形的、三角形的、云朵形的，这些都可以，总之不要太一本正经。

中心图像简单画法

这是中心图像，除了中心图像，分支上的图像也是同样的道理，也是能表达关键词的意思就可以，但是要比中心图像小，一般有中心图像的四分之一大小就可以了。

分支上除了画图像，还可以画符号，像刚才说的叹号、对钩、叉之类的，不同符号表达的意思要统一，不能在这张上用对钩来表示正确，下一张又用叹号来表示正确。可以参考一些软件上的图标来使用，这也是方便后面用软件时能够统一。

一张思维导图上的图像图标不能太多，不要把它当成一个绘画作品来画。曾经见过有人画的思维导图，上面一个字也没有，全部都是图像、图标。这样花的时间比较多，很费时费力，而且时间长了自己都不知道自己要表达什么意思，更别说别人了。

这里还要说一个特殊情况，就是用思维导图进行亲子教育，让小孩来画思维导图，那就要尽量多地用图像图标。因为小孩认识的字不多，另外小孩对图像比对文字更感兴趣，而且多用图像还能培训小孩用右脑的习惯。

说完了图像、图标，接着第三个原则要说到线条，也就是画分支时需要注意的事项。

分支要有弧度

首先是分支的形状。形状最好是有一定弧度的曲线，可以向下弯，也可以向上弯，但一定不要是直线。都是直线，不太美观，而且不知不觉中发散思维，又会变成线性思维。

接着就是粗细，整体上都是从粗变细的过程。一级分支是最粗的，手绘时可以先把两边画出来，然后给中间上色，可以全部涂满，如果想节省时间，可以画成网格。

一级分支画法

接着是二级分支，也就是一级分支的子节点。二级的比一级的细一些，有它的一半就可以了。手绘时不需要画两边，画一条以后再描一下就可以。

二级分支画法

到第三级就正常了，三级下面的四级、五级也都可以采用和三级一样的粗细，想要再区分也可以。为了节省时间，建议三级后拿笔直接画就可以了，不需要再描或上色。

三级分支画法

为什么要分粗细？一个作用是要清晰地区分出哪些是父节点，哪些是子节点，子节点都是由父节点联想出来的。另外也是出于美观的考虑，顺着线条就能一直查看下去，同时还可以突出中心主题。

需要注意的还有长度，线条的长度和关键词有关，采用平均分配的方式，最好能够和分支上的关键词的长度保持一致。不要太分散，也不要太挤。如果太分散，注意力会分散，联想也就少了；如果太挤，会显得不好看，而且会有一定的压力，产生情绪上的波动。

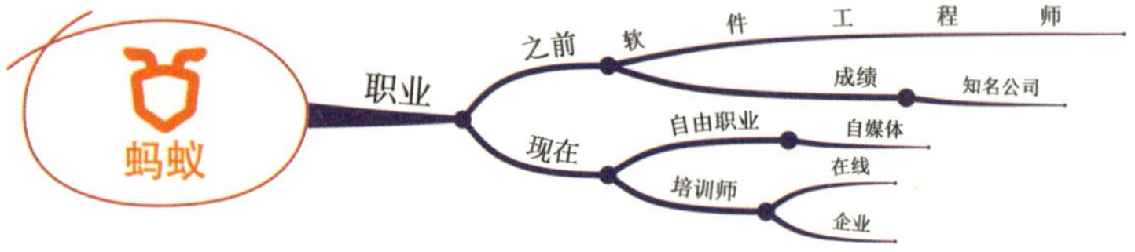

分支长度和关键词一致

用软件来画可以不管上述这些，它会自动调整长度。手绘时可以先画分支，然后写关键词，如果关键词比较长，可以把这个分支延长一点。

除了分支的线条，思维导图中还有一种交叉线，这种线是在同一张思维导图的不同分支之间来画的。如果你这个分支和另一个分支之间有一定的关联，就可以画一条线把它们关联起来，这种线一般采用虚线的形式。看到这个分支，顺着线就可以看到另一个分支。

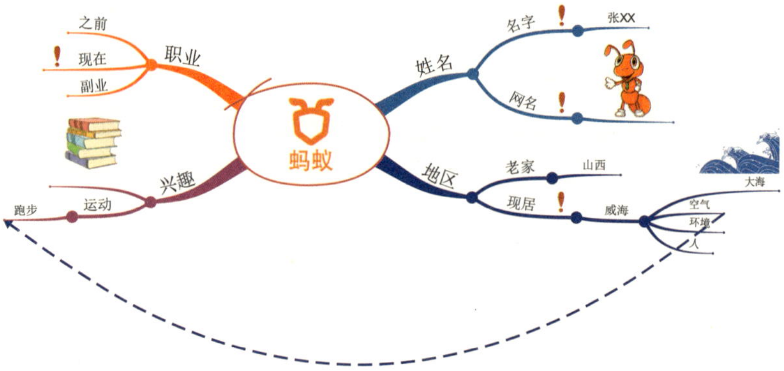

交叉线

第四个原则是关于颜色的。

这也是思维导图的一大特点，颜色的应用比较多，用不同的颜色主要是为了刺激大脑。这个原则重要的是一个分支只能采用一种颜色，不管是一级、二级还是三级以下，全部采用同一种颜色。

不同分支不同颜色

用同一种颜色，首先看起来是比较利索的，直接就知道这一块全部属于同一个分支，注意力也能集中在这一块。不会像一大片文字一样，有时候看着会串行。不同的分支用不同的颜色，能够让每一个分支看起来相对完整，相对独立，从而降低认知过程。

这是分支线条的颜色，那分支上面的关键词的颜色又该怎么办？如果你是手绘的，关键词的颜色可以和分支的颜色一样；如果用软件画，关键词的颜色默认是黑色的，也是为了方便打印查看。建议不管是手绘还是用软件，关键词单独用黑色会比较好，因为有时候手绘时关键词的颜色和分支颜色一样，会看不清楚，不那么直观。

第五个就说到关键词了。

上一节说到不要把整句话放上去，建议一开始强制要求不超过 4 个字。只有拆解完后会引起歧义，或者表达不清的情况下才可以用多个词组。具体如何提取关键词会在下一节详细说明，这里需要先引起注意。

同时一个分支上面只能有一个关键词，这样做也是为了引出更多的发散和联想。比如“每天早上都会听一节微课”这样一句话，可以提取出的关键词有“早上”和“听课”。如果都写在一个分支上面，来想想根据“早上听课”你能想到什么？想到的并不多。

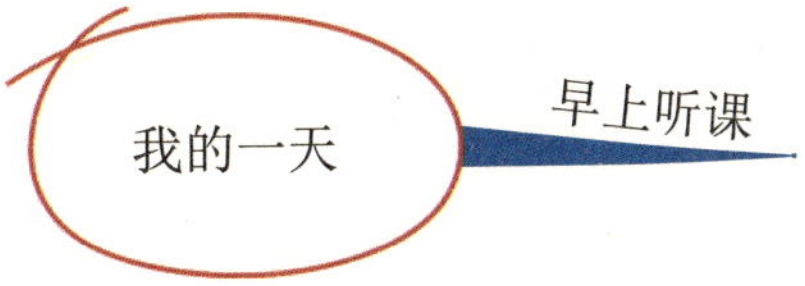

一个分支一个关键词

但如果放到两个分支上，一个上面是“早上”，另一个上面是“听课”，继续想下去，能想到早上你做的所有事情，早上除了听课，还会读书、吃早餐、跑步等。针对听课，还可以继续想到听课的内容、听课的结果等。这些是不是比你只写“早上听课”联想得更多？

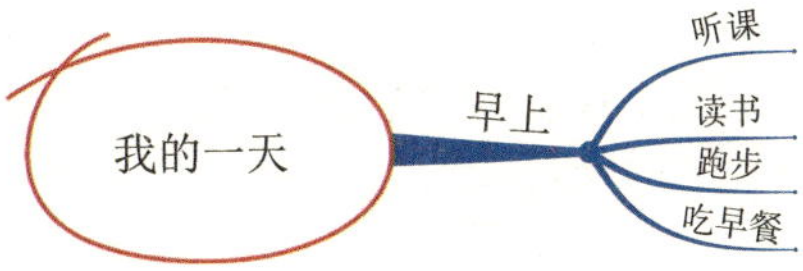

产生更多联想

最后一个原则是分层逻辑结构，首先来看一下它整体的结构。

整体上思维导图的结构是按照顺时针顺序来的。按照顺时针的顺序，是比较符合眼睛的运动规律的，绕着一个圈就看完了。如果不按这个顺序，右侧是从上

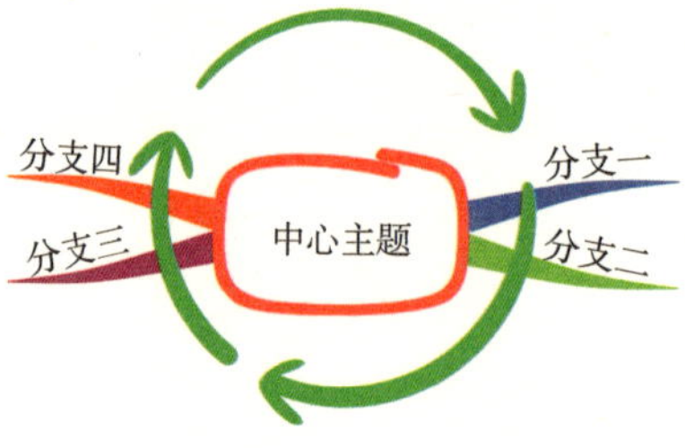

顺时针顺序

到下，左侧同样是从上到下，那看完右侧，看左侧时眼睛就需要重新移动，无法形成一种顺畅的关系。所以在画的过程中要采用顺时针的方式来画分支。

画好了中心主题，然后在右上角45度的位置画第一个分支，其他的按顺序画下来。

除了整体上的，各个分支之间，一级、二级、三级分支之间也都有一定的逻辑关系。像上节说的简单的分类归类，一级的是大的分类，二级的是大分类下的小分类，三级就是具体的事物了。一般一级分支都属于同一水平的广度思考，它的子分支就是深度思考联想的过程。

具体如何安排分支结构，后面会有单独的章节来说明，还会介绍一些思维模式，用来引导分类整理，更好地安排分支。刚开始画，可以先按从属关系，同一分类的放在一个分支下，大分类的是一级分支这样来进行。

本节练习：

1. 观察下方思维导图，找出不符合原则的地方。

请将答案写在此处：

1）

2）

3）

2. 这些错误你准备如何修改，请重新手绘完成一张思维导图。

本节导图：

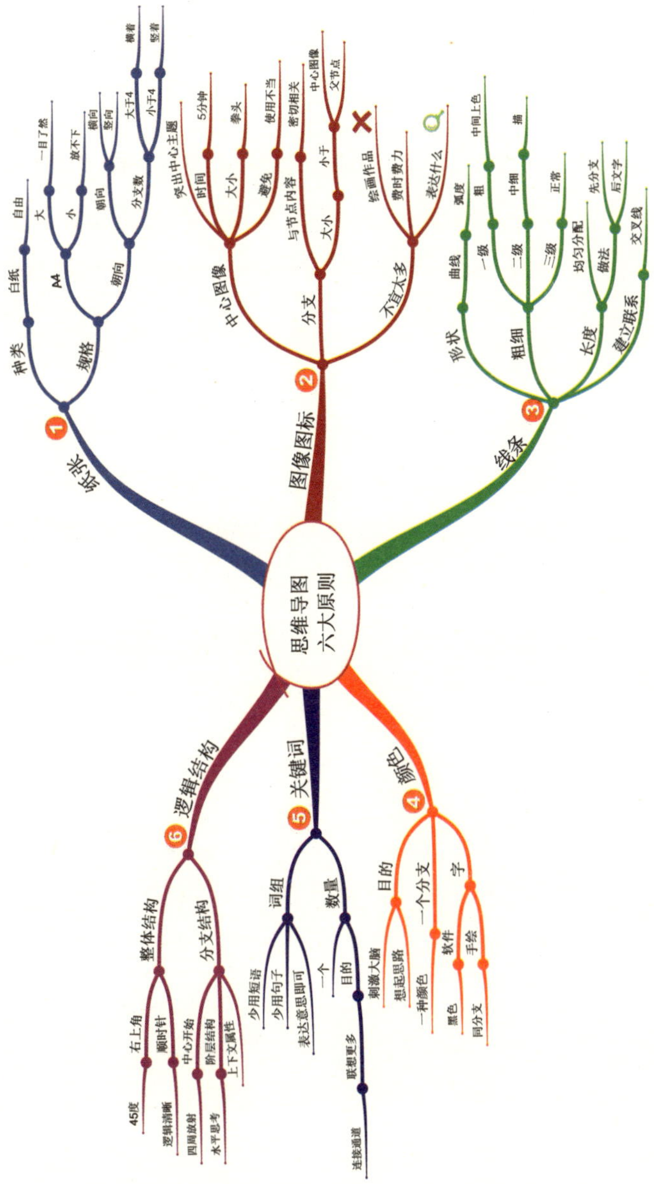

掌握核心科技——思维导图关键词的提取方法

上一章节说到思维导图的六大原则，其中一个就是关键词。关键词是思维导图最核心的元素，判断一个图是不是思维导图，就看它的关键词有没有提取。

为什么说现在很多人画的并不是思维导图，就是因为他们并没有对内容进行提取，而是直接全部写上。做读书笔记，基本上都是把书中原有的句子整句话放上去，这个只能叫作结构图，而不能叫思维导图。

为什么一定要提取关键词？最主要的一个原因是要引出更多的联想。针对一个词“太阳”，你能想到什么？可能会想到温暖、明亮、刺眼等。但如果是一句话“明亮的太阳，看起来好刺眼”，这样你还能想到什么？想到的是不是就不多了？另一个原因是为了方便记忆。记整句话肯定比记一个词难。

具体如何进行关键词的提取，我们分别从小到大，从句子到段落，再到整篇文章来分别说明。在开始之前，同样还是准备好几张纸和几支笔，跟随内容来拆解、提取。

首先，我们来看一句话如何提取关键词。先来看下面这句话：

“一个老实的贫苦家庭的男孩，喜欢上了一个有钱人家的漂亮女孩。”

这句话你觉得哪些是关键词，可以先按自己的理解画一下。

按句子来提取关键词还是比较简单的。想要在一句话里提取关键词，首先要明白一句话的组成都有哪些。想想小学学语文的时候经常说的主谓宾，一句话大体上是由名词、动词、形容词，还有副词组成的。

名词一般是指具体的对象，这些对象可以是实物，也可以是虚拟的。像上面的句子里，名词就是“男孩”和“女孩”。

动词一般是指动作和状态，所描述的名词对象发生了什么动作，产生了什么状态。这些动作和状态可以是对象与对象之间，对象与状态之间，也可以是状态与状态之间。像“男孩喜欢女孩”，喜欢就是发生的动作，是对象和对象之间发生的。

形容词主要是用来形容名词和动词的，让描述的对象和动作更加具体生动。“老实的”“贫苦的”是用来形容男孩的，“有钱的”“漂亮的”是用来形容女孩的。

副词最常见的就是量词，来说明数量。“一个”男孩，“一个”女孩。

当然一句话里还会有一些其他的词，但只要能够区分这四类，大部分的句子就可以处理了。

知道了句子的组成，提取关键词就简单了。最简单的就是只把名词和动词提取出来，形容词、副词等统统不要。这句话提取完就是“男孩喜欢女孩”。

只提取名词和动词

这是最简单的方式，也是最能概括句子内容的。如果你觉得这样提取太简单或者不是很容易理解，那接下来还可以把它变得复杂一点，把形容词加上。

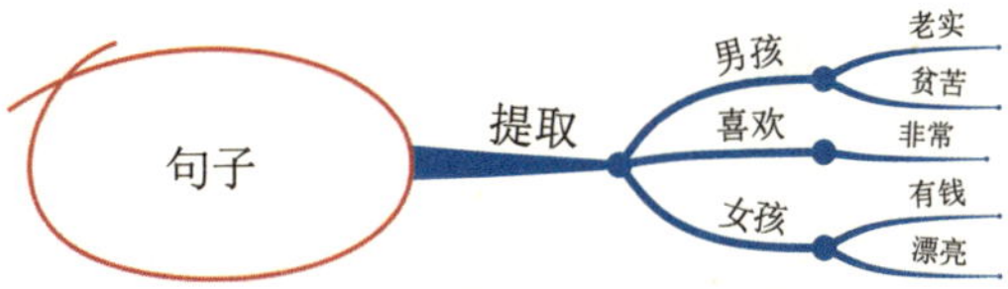

加上形容词

男孩喜欢女孩，什么样的男孩？“老实的”“贫苦的”；他有多喜欢？这句话里没有形容，有的话也可以加上去，如“非常”之类的；那又是什么样的女孩？“有钱的”“漂亮的”。这样一句话的关键词就提取完了。

在提取的过程中需要注意，不同的排列方式会形成不同的意思。

像刚才说的“男孩喜欢女孩”，如果按句子的顺序拆解，男孩怎么了？喜欢。喜欢什么？喜欢女孩。这样很容易理解。但如果改变排列的顺序，把女孩放在前面，那就成了女孩喜欢男孩，这个表达的意思就完全不一样了。

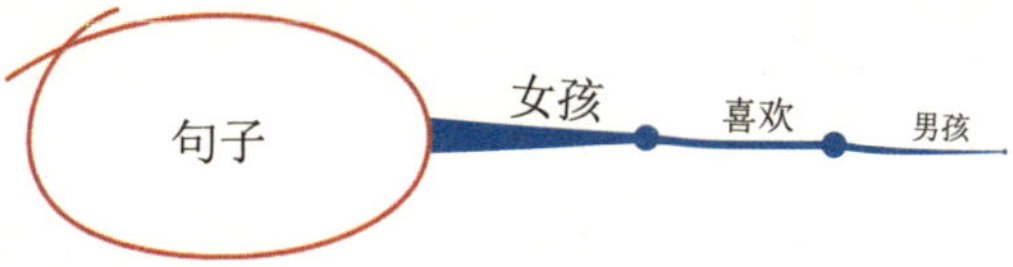

改变顺序

男孩确实喜欢女孩，但女孩

喜不喜欢男孩，这就不确定了。这也就是分支之间的结构和逻辑关系，下一节我们再详细说明。

同时还要注意，提取完后尽量减少歧义，要让描述更准确一点。还是说说不同的排列组合，如果把喜欢放到前面，男孩、女孩放到下一级，这样就不会有人觉得是男孩喜欢女孩，而成了有人同时喜欢男孩和女孩，比如女孩的父亲，他同时喜欢这两个人，也愿意让他们在一起。

改变句子结构

另外还需要说一下，提取完关键词后，分支的排列并不一定要按句子的结构来，名词、动词也并不一定要按句子中的原话。在画思维导图的过程中，完全可以自己概括提炼，用自己的话，通过加一些词组来把这句话的意思表达清楚。这样能够减少一些歧义，还能引出更多的联想。

最常见的一种方式就是主动变被动。还是这样一句话，男孩喜欢女孩，这是主动的过程，那可以把女孩放到前面去，同时加一个被动，女孩被男孩喜欢，这样改变了排列，意思没变，还能联想到更多。女孩除了被这个男孩喜欢，有可能还被另一个同样有钱的男孩喜欢，同时女孩的父亲对她也是比较爱护的。这样继续下去，一部连续剧都有可能产生。

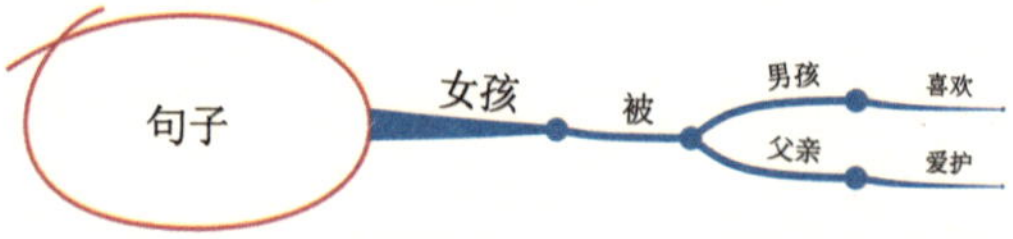

主动变被动

总结一下，提取一句话的关键词就是找到名词和动词，想再详细一点，把它的形容词提取出来就可以了。说完一句话，接下来看一整段话如何提取关键词。先来看这一段话：

思维导图是由英国人东尼·博赞于 1971 年开创的一种全新的思维方式，打破了原有的线性思维，改为发散思维。思维导图采用发散性思维方式，更适合大脑的思维方式，更便于记忆和联想。简单的使用方法是先画一个思考中心，再由中心向外发散出分支，每一个分支上一个关键词，接着每一个分支还可以继续发展出更多的分支，最后形成一张思维导图。思维导图可以应用在很多方面，不管是工作，还是学习、生活，都可以带来更高的效率。现有的工具也很多，比如

MindManager、XMind 和 iMindMap 等。

这段话，完全可以按照刚才提取句子关键词的方式来，第一句差不多都是名词和动词，东尼·博赞开创了什么，打破了什么，改成了什么。第二句思维导图采用了什么，适合什么，方便什么。这样提取也没错，但信息量太大，全部提取完，一是费时间，二是不方便记忆，起不到提高效率的作用。所以，面对一整段话时，并不是要把所有的内容，把每句话都提取出来，只要能把这段话表达清楚就行。

比如有的段落，会在开头给个观点，后面就是证明这个观点，会列举一些例子。你能明白这个观点，只把这个观点放上去就可以，详细证明的过程，可以不放，也可以筛选一些放上去。有人会觉得不写会忘记，其实不会，后面用思维导图提高记忆的那一章节会详细说。

一段话中的哪些内容是可以提取的，最主要的提取方向可以分为以下几类：

第一类是描述性的段落。先去找 5W1H，就是何人、何事、何地、何时、何物和为什么，找到这些词，再提取一下，把这些表达清楚就可以了。

第二类是提取有序列化的，如 12345 之类的。找到对应的步骤，再按句子提取就可以了，还有“首先”“其次”“最后”等词，也是一样。

第三类是因果关系的段落。先去找“因此”“因为”“结果”等词，找到后分别在前面和后面找名词、动词提取就可以。

第四类是解决问题的段落，先提出问题，然后说怎么解决，这样和因果关系一样，找到问题是什么，提取解决步骤或者答案是什么即可。

第五类是进行比较的。两个事物进行比较，会有“相对”“然而”等词，找到后分前后不同的事物来进行提取就可以。

这里说的词在一些段落里不会原样出现，找相仿同义词也可以。

我们今天举例的这个段落是比较有代表性的，上面说的这五类就有三类。

首先第一句话就是描述列举类型的，主要描述了思维导图的来源。来看看何人？东尼·博赞；何事？创造了思维导图；何地？在英国；何时？ 1971 年；何物？思维导图；为什么创造这个？因为想打破原有的线性思维。

接着第二句是比较类型的，有一个“更”字，发散性思维相比线性思维更适合大脑的思维，更方便记忆和联想。

第三句是属于序列类型。因为它有“先”做什么，“再”做什么，“最后”之类的，按这个划分完再提取。

第四句和第五句还是描述性的，描述应用范围和现有的工具。

找到了方向，知道了提取的方法，接着选择自己需要的，最终可以形成这样一张思维导图。

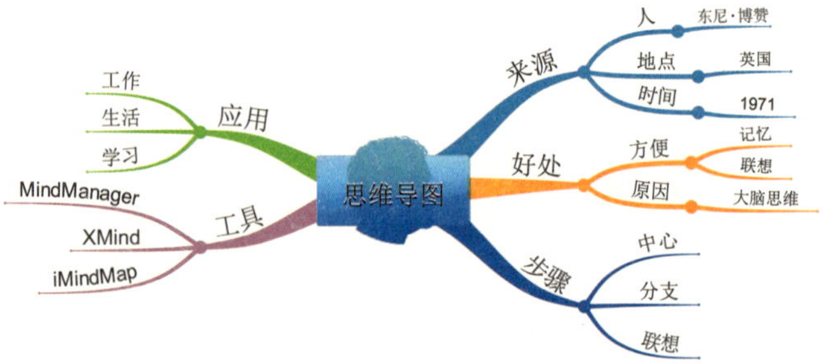

段落关键词

因为这一整段都是在说思维导图，所以中心主题就是思维导图，第一句话是说来源，把刚才说的何时、何地、何人列举出来；第二句话是进行比较后说的一些优点，也列出来；第三句是说画的一个简单步骤，1234 放上来；第四句是说应用在哪些地方，工作、生活、学习；第五句是说工具，列上去。这样一个段落就拆解完了。

提取完后还可以美化一下，加点图片、图标。像英国，因为英国经常下雨，所以人们出门会拿把伞，那就可以画一把伞；还有步骤，可以把 1234 的图标加上去，以便于理解。

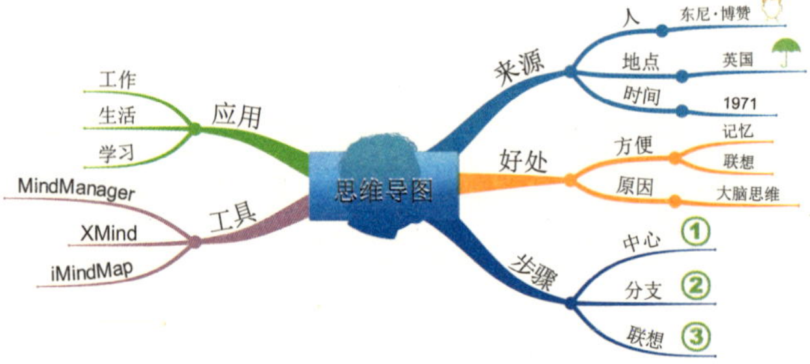

段落提取美化

还可以继续展开发散，比如在学习上的具体应用，可以用来做读书笔记、课堂笔记、复习等。这也是我们强调的，不要仅限于把现有的内容转化成思维导图，而要继续发散，加上一些自己的理解和认知。

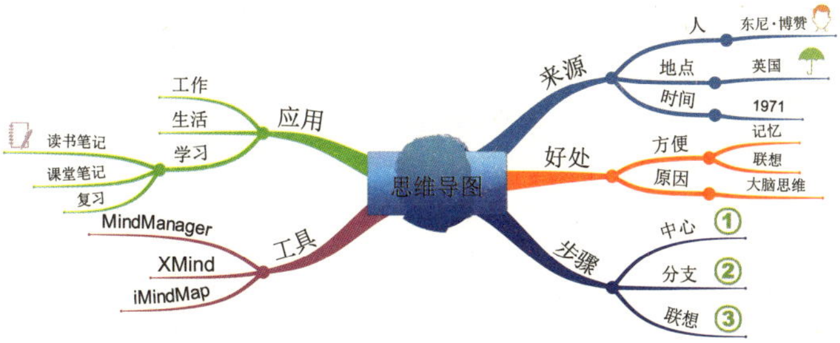

发散扩展

还要强调一下，一段话并不是每句话都要提取的，刚开始学习思维导图的时候可以把每句话都提取一下，后面就要学会提取完后再提取一次，去除一些不必要的关键词。

说完段落，接着就是整篇文章了。我们同样不需要提取整篇文章的每一段的每一句话，这样提取相当于把文章重新抄了一遍，所以，还是只提取关键段落的关键句子。

如何找出这些关键的段落，可以按以下四个步骤来进行。

第一步是查看标题。

通过标题可以预先知道接下来的内容是什么。一篇文章除了总标题，还会有一些二级标题，甚至三级标题。可以拿出一本书，翻到其中一章节来看一下，除了有这一章节的总标题，还会有大标题、小标题。可以先用这些标题来提取关键词，把它们作为一级分支。

如果这篇文章只有一个总标题，没有其他标题，可以看一下开头或者结尾，一般文章开头和结尾会对整篇文章进行总结，通过这些也可以得出大体内容。这些也没有，就跳过第一步，直接进入第二步。

可以来看一下本书的第一章第一节，这一节的标题是“走进思维导图——手把手教你完成第一幅思维导图”，通过标题，可以知道这一节主要说的是和思维导图有关的内容。但下面没有二三级分支，开头和结尾也没有进行总结，所以直接进入第二步，浏览文章。

第二步需要浏览整篇文章。

通过浏览，可以找到重点段落在哪儿，或者说自己关注的段落在哪儿。找到重点段落，根据这些段落可以先搭出一个框架。

搭框架

通过浏览第一节，我们大概会介绍思维导图的定义，还有简单的画法，接着会介绍如何用思维导图做自我介绍，最后介绍了一些学习过程中的注意事项。其他的一些段落并不是重点，所以就先不画了。

浏览完全文，找到重点段落，接着第三步就是按照提取段落关键词的方法来进行。重点关注一些时间、地点、顺序、步骤之类的词汇。

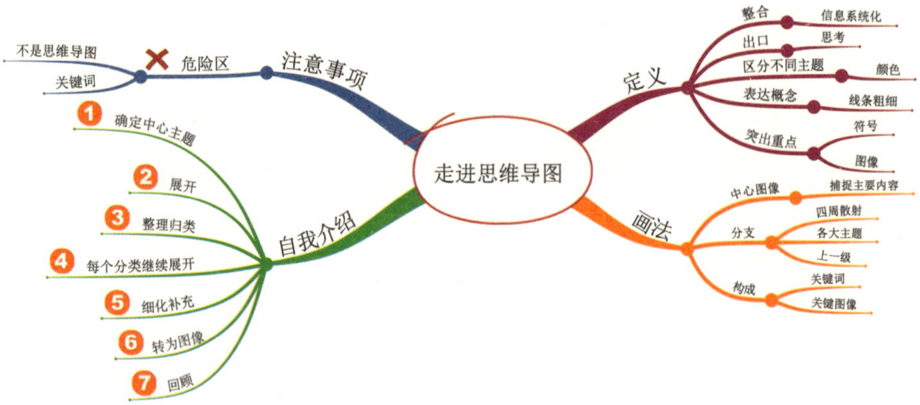

提取段落关键词

提取完后还需要最后一步，就是整理。从整体上看你画的思维导图，哪些内容自己还是不太明白，可以再回过头来看看，补充一些关键词，让它更容易理解。如果文章中开头和结尾有总结的部分，可以对照来看看，自己哪些内容没有提取，需不需要提取，根据这些再来补充一下。

学会对一篇文章进行提取，对整本书进行提取就容易了，可以先尝试着做一下，后面会有单独的章节来说如何做读书笔记，到时候再来对比。

最后说一下，关键词的提取是因人而异的，同一篇文章，同一句话，不同人提取的关键词是不一样的，因为每个人的需求不同。还有前面说的，不同的排序，产生的意思也不一样。

刚开始提取并不容易，请大家耐住性子，多去练，练得多了，提取也就容易了。刚开始提取时，可以把握这些技巧，一是前面说的，强制要求自己每个分支上面最多放 4 个字，强制自己去提取，而不是把一整句话放上去。二是不要带任何标点符号，如逗号等，一句话里会包含大量的标点符号，强制去掉标点符号，也是强制自己提取的过程。三是一开始时，尽量少带形容词，让思维导图看起来更简洁，除非特殊情况才考虑加形容词。

本节练习：

1. 重新整理之前完成的自我介绍，每个分支上只保留 4 个字。

2. 尝试完成下面这段话的关键词提取。

很多世界 500 强企业都在用思维导图来高效率地处理工作。通过学习，可以让你的工作变得有条不紊，可进可退，并且可以让你从全新的角度来分析问题，锻炼你分析和处理事件的能力！对于公司来说，思维导图可以节省成本。美国波音公司设计波音 747 飞机时，原本这样一个大的项目通常要花费 6 年的时间。但是通过使用思维导图，只用 6 个月的时间就完成了，在财力上，至少节省了 1100 万美元。对于个人来说，思维导图可以节省时间，用思维导图来组织会议、分析问题、策划方案、梳理工作、项目管理……这些至少能节省一半的时间。重点是可以培养与众不同的能力，有了这些能力，还怕不能升职加薪吗？

本节导图：

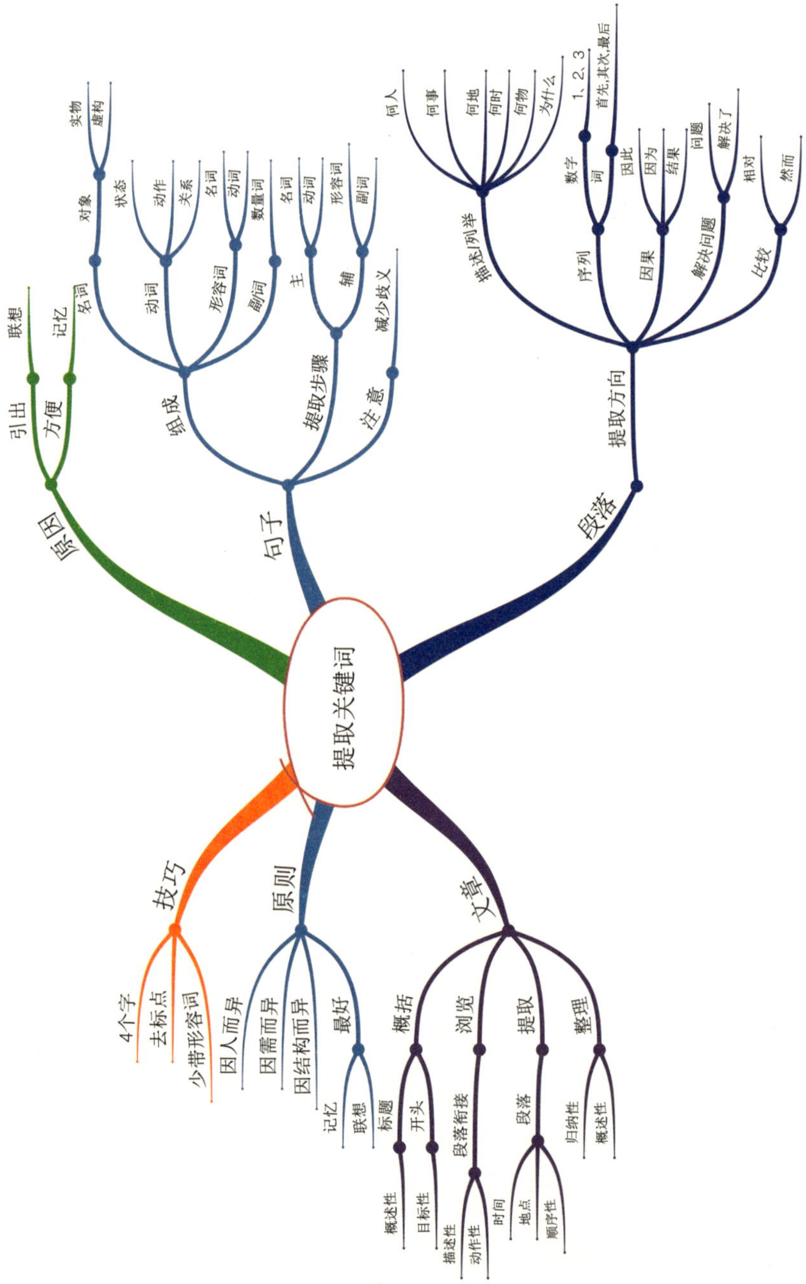
提取关键词
原因
引出
联想
方便
记忆
名词
句子
组成
对象
实物
虚构
状态
动词
动作
关系
形容词
名词
动词
副词
数量词
提取步骤
主
名词
动词
辅
形容词
副词
注意
减少歧义
段落
提取方向
描述/列举
何人
何事
何地
何时
何物
为什么
序列
数字
1、2、3
词
首先,其次,最后
因果
因此
因为
结果
解决问题
问题
解决了
比较
相对
然而
技巧
4个字
去标点
少带形容词
原则
因人而异
因需而异
因结构而异
最好
记忆
联想
标题
文章
概括
开头
概述性
目标性
浏览
段落衔接
描述性
动作性
时间
提取
段落
地点
顺序性
整理
归纳性
概述性

减少混乱，厘清思路——分支的层次结构与逻辑关系

上一节介绍了如何提取关键词，提取完成后有一个分支排序问题。不同的排序，产生的意思会不一样，产生的联想也会不一样。这个排序就是指分支之间的结构，也就是一级分支如何划分，二级分支如何产生。这也是很多人在画思维导图时最难解决的一个问题，不知道该怎么划分分支。

先来看个例子，“小明早上在家吃了一个苹果，下午在公司又吃了一个苹果”。这句话的关键词好提取，常见的一种画法是这样：

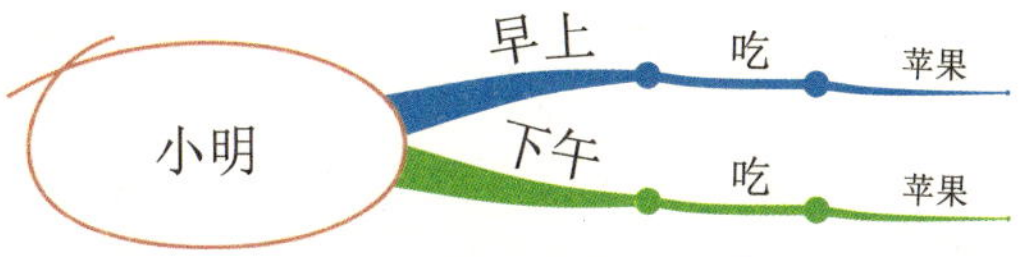

常见画法

小明是中心主题，然后“早上”和“下午”是一级分支，后面分别跟着二级分支“吃”和三级分支“苹果”，这样的结构完全就是按照原句子来进行拆解的。

这样可以把这句话的意思表达清楚，但并不是最好的画法，因为按句子原话拆解，产生的联想并不会很多。按这样一个结构，针对“小明”你还能想到什么？因为一级都是时间，所了除了早上、下午，想到的也就是晚上之类的了。这只是完善了小明一天的行程，但没有很好地展开小明这个主题。

现在我们把它重新排列一下，“小明”还是中心主题，一级分支改为“吃”，二级分支是“苹果”，三级分支分别是“早上”和“下午”。

这样的结构同样也能把这句话的意思表达清楚，只不过没有按它的顺序来。但这样的改变对小明这个中心主题却可以产生更

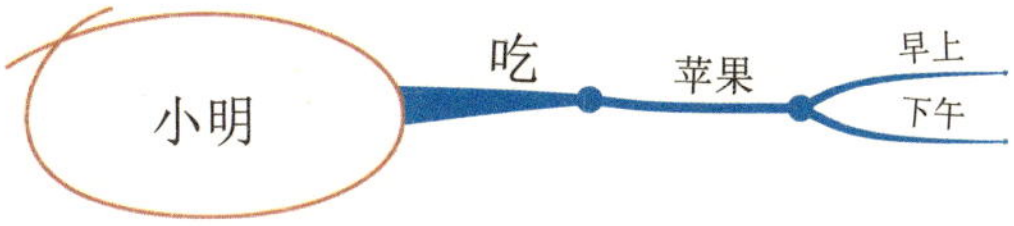

改变结构

多的联想。小明除了吃，还能想到衣食住行等方面，再继续画下去，小明喜欢穿什么类型的衣服，他现在住在哪儿，这样你对小明就更了解了，也对小明这个中心主题更加完善了。

思维导图的联想方法主要有两种，一种就是自由联想，想到什么就是什么。现在说到水果，你能想到哪些？有苹果、香蕉、梨、橘子等。另一种是限制联想。刚才说的水果是没有任何限制的，你能想到很多，而限制联想会增加一定的条件，比如黄色的水果，这样想到的水果就没有那么多了。在画思维导图的时候，一级分支要让它尽量多地自由联想，不要限定条件，在具体的分支下再限制联想。所以在画思维导图的时候，不一定要按照原话来进行，而是可以改变分支结构的。

具体如何安排分支结构，先来看两种常见的方法。

第一种方法是按分类来划分。分类关系指一级分支是不同的类别，二三四级分支是从大类到中类，再到小类，最后到具体事物的过程。中心主题是“食物”，一级分支就可以是不同的分类，如水果、蔬菜、肉类等。二级分支可以继续分下去，水果又可以分为浆果类、瓜果类等，再下去就可以是具体事物了，浆果类有葡萄，瓜果类有西瓜等。

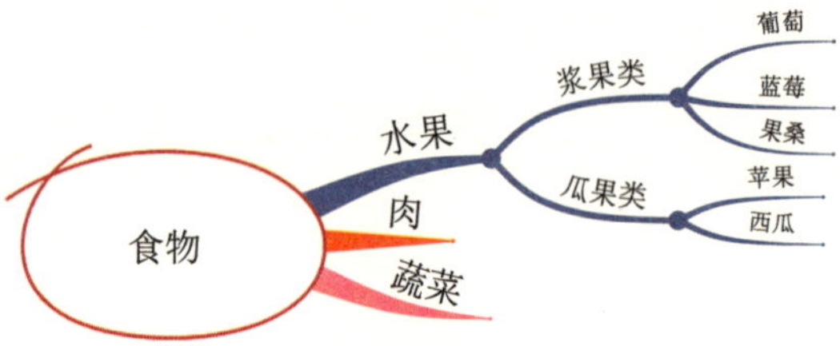

从大类到小类

这是画思维导图最常见的，也叫结构化思维方式，建议在刚开始画思维导图不知道如何画分支时采用这样一种方式。第一节画自我介绍时，一开始也是先明确要从哪几个方面来介绍，这样就先有一个分类了，接着再具体化。

第二种方法是按因果来划分。它的分支结构就是原因和结果的关系，一级分别是一个结果，然后二级分支是产生这个结果的原因，下一级分支就可以是想要改变结果的做法。

现在有一个员工工作积极性不高的问题，表现出来的结果有不愿意打卡、不愿意加班等，一级分支就可以先把这些列出来。接着二级分支一个一个来分析是什么原因。为什么不愿意打卡，因为打卡机太少，每次都要排很长的队；为什么不愿意加班，因为现在工厂位置太偏，加班后回家不方便。针对这些原因，下一级分支就可以尝试找一些解决方法，比如增加打卡机，安排班车等。

从果到因

除了这两种常见的方法，其他的需要根据具体情况来划分。在画思维导图的过程中，最难的一个地方就是不知道一级分支怎么划分。一级分支画不好，会直接影响整张思维导图和后面的内容。要画好一级分支，就需要了解一些思维模式。思维模式能够起到引导思考过程的作用。

比如做决策时常用的 SWOT 思维模式，遇到一个问题，不知道如何做决定，就可以分别从优势、劣势、机会和威胁 4 个方面来分析，一级分支就可以画这 4 个。还有写文章时不知道如何下手，可以用 5W1H 的思维模式来引导，一级分支分别画出时间、地点、人物、经历等，后续分支继续细化下去，一个文章的大纲就完成了。具体方法将会在下节详细说明，掌握这些思维模式，可以更好地划分一级分支。

明确了一级分支，接下来它后面的二三级分支又该如何进行？主要有两种方法，即归纳和演绎。

演绎是一个逻辑推理的过程，就是根据一定的理性前提，然后推演出一个结论，是由一般到特殊的过程。这个最常用的就是三段论。三段论，首先是有一个大的前提，然后根据一个小的前提，从而得出一个结论。大的前提是已知的一般原理，小的前提是一个特殊情况，最后得出结论就是由一般到特殊的过程。

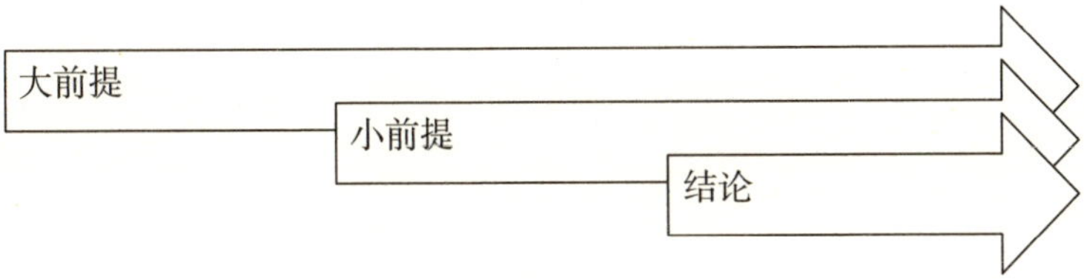

三段论

比如说现在大的前提是大家都知道鸟是会飞的，那小的前提是麻雀属于鸟类，从而可以得出一个结论：麻雀会飞。

三段论分为两类，一类是正断法，另一类是逆断法。

正断法就是 a 成立，b 一定成立。鸟会飞，麻雀是鸟，所以麻雀一定会飞；逆断法是反过来，b 不成立，a 也不一定成立。鸵鸟不会飞，如果鸵鸟是鸟，那鸟就不一定都会飞。

再来看一下开头说的小明吃苹果。从这句话可以勉强得出小明爱吃苹果的结论，但不能得出小明爱吃水果的结论。如果说小明是爱吃水果的，没有说喜欢苹果，但因为苹果属于水果，我们也可以得出小明爱吃苹果的结论。

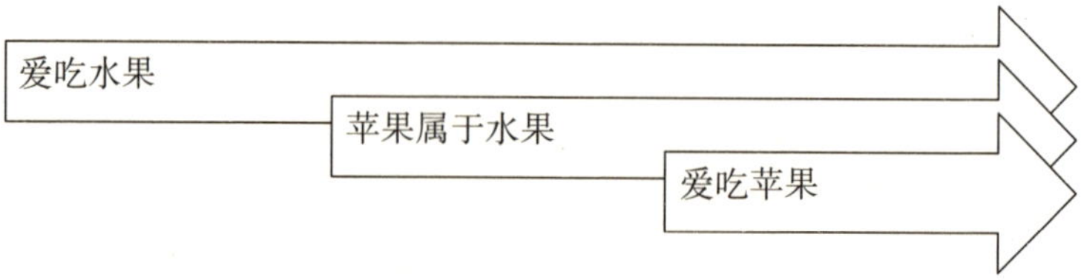

正断法推导

表现在分支结果上，就是上一级是苹果，下一级分支就最好不要是水果，而应该反过来。从大的前提，再到小的前提，最后得出结论。

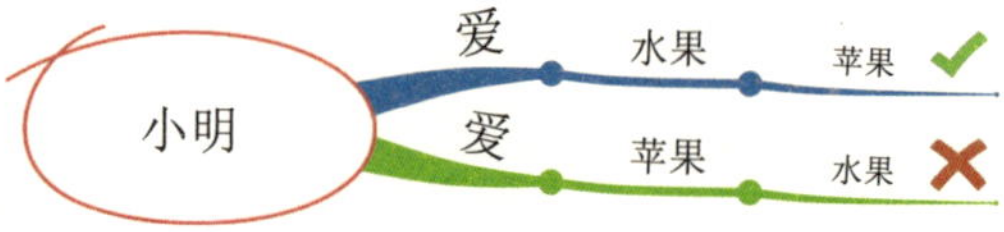

正断法结构

归纳就是通过观察个别的现象，发现它们共同的特征，从而得出一个结论。这可以理解为最常见的分类关系，把不同的东西通过归纳，形成不同的分类。

归纳的方法首先是观察这些不同的事物，然后找到它们的共同特征或者关系，从而获得一个结论，最后还能进一步根据结论推导出未观察到的事物。

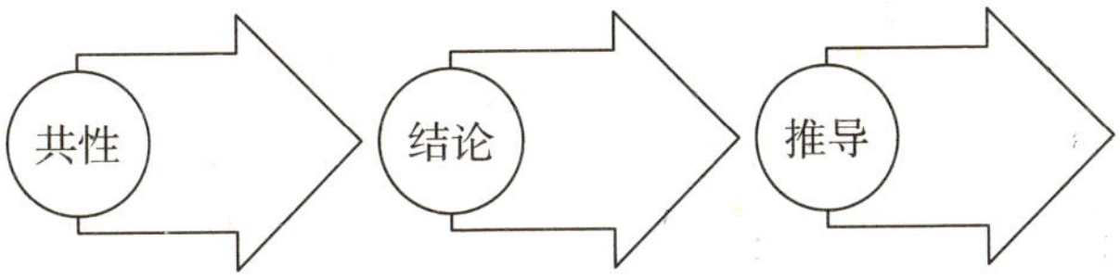

归类法

现在有苹果、香蕉等，通过观察可以得出它们都属于水果，根据这个结论，再看到类似水果的东西，也可以决定它到底是不是水果。

归纳的特点是前提是真的，但是结论不一定成立。现在发现和苹果、香蕉类似的应该都属于水果，但小西红柿，你说它到底属于水果还是属于蔬菜？这就不太好确定了。放水果里可以，放蔬菜里也没什么问题。

归纳的整个分层结构就是从不同的事物到关联，再到结论，不断厘清思路的过程。第一节课做自我介绍时，一开始也是把自己所有想介绍的都罗列出来，接着再进行归纳分类，这样才能把它的一二级分支结构弄清楚。

演绎和归纳之间的区别一是表现在它们的思维进度上，归纳是从个别到一般，而演绎是从因到果；二是它们的前提的真实性，归纳的前提条件不一定是真实的，而演绎的前提条件一定是真实的。它们两个是相互作用的，演绎如果以一般为前提，那推导结果的过程中会用到归纳；而归纳的过程就会用到演绎。

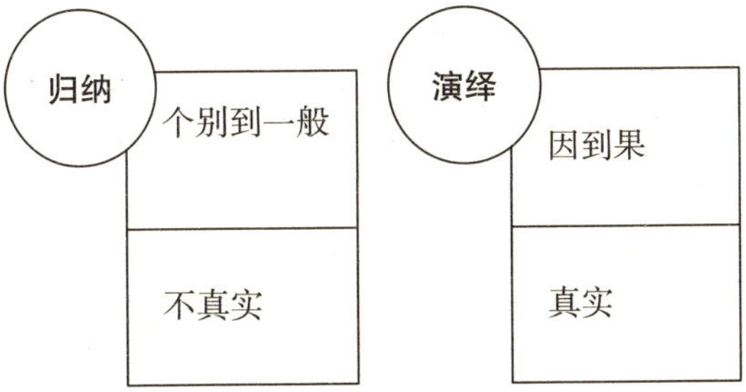

两者比较

这一部分不是很好理解，建议先有演绎和归纳这两个概念，等画了一段时间思维导图后再回过头来看，到那时就会有新的理解。

为什么一定要强调分支结构？第一个优点是一目了然，看这个思维导图的时候，不管是从宏观上还是从微观上，都可以一目了然地知道所有内容。宏观上，看一级分支就知道他说了哪些东西；微观上，顺着每个分支看下去，又可以了解得很详细。强调分支结构，可以有效传达各类信息，从而减少一些重复或者遗漏。同一分类的放到一起，可以减少重复，同一分类下的又可以展开，可以减少遗漏。不同的分支结构还可以表达关联性，让结构更有逻辑性，下一级分支是由上一级分支引来的，而不是随意画出来的，这样的思维导图才能说是更严谨的。

本节练习：

1. 拿出之前画的自我介绍，看看一级分支是按什么划分的？后面的二三级和一级分支有什么关系？

2. 分析下面这张思维导图，看看分支结构是否合适，是否有逻辑错误。分析完后请按自己的理解，重新画一张以水果为中心的思维导图。

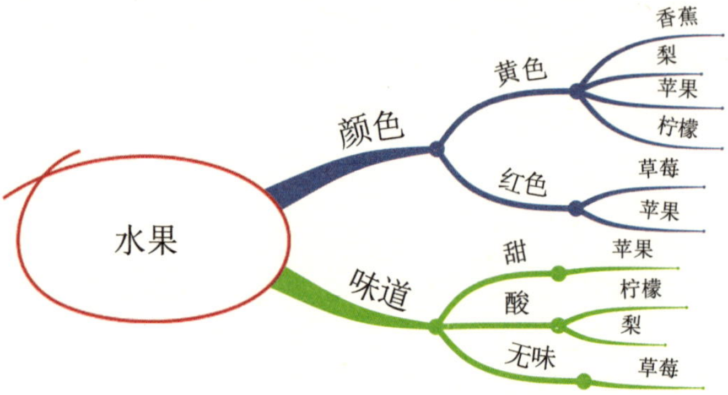

本节导图：

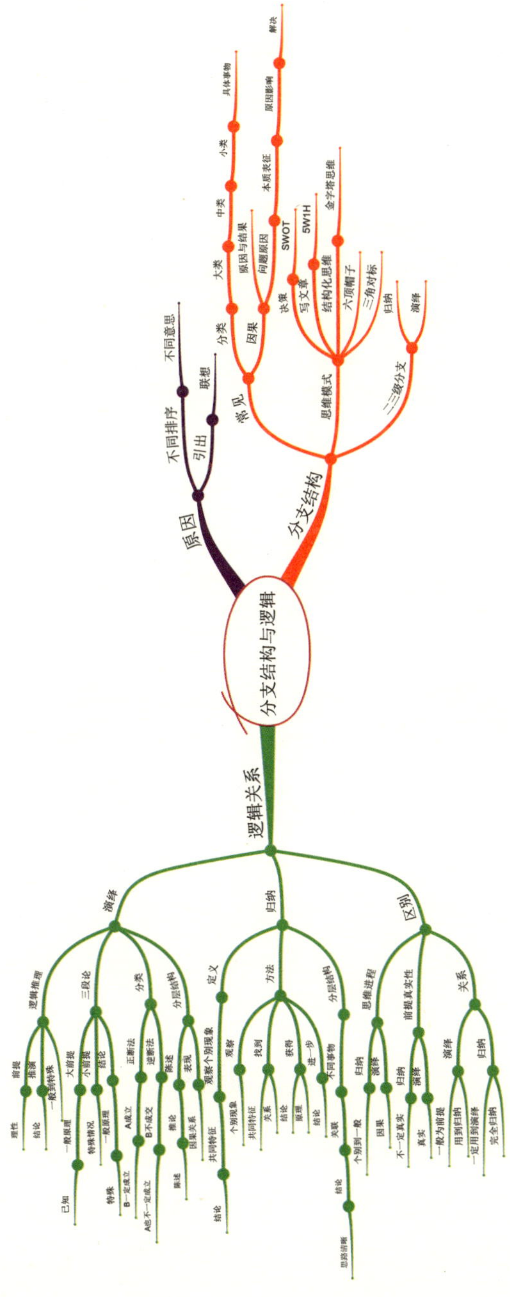

了解常用思维模式——引导大脑更好地思考

上一节在确定一级分支时说到了思维模式，本章节我们就来介绍几种常见的思维模式，了解了这些，在画思维导图的时候能更好地展开分支。

首先来看结构化思维模式，结构化思维能够让复杂的问题变得相对简单，条理清晰。先来对比以下这两组数字，你觉得哪组更容易记住。

第一组：4，7，3，1，5，2，9，0，8，6

第二组：1，2，3，4，5，6，7，8，9，0

很明显是第二组比较好记，因为第二组比第一组更加有规律，第二组看起来也比第一组更有条理。

人的大脑在处理问题的时候非常喜欢有规律性的东西，因为大脑不能一次处理太多信息。面对零散而复杂的信息，比如第一组数字，大脑就是一片混乱的，不知从何记起，而第二组有一定的规律后，思路就比较清晰了。这也是我们用思维导图的目的，就是要将大脑里混乱的想法，通过整理，把复杂的问题简单化，让思考更加全面、系统化。

结构化思维模式

结构化思维模式一般用在解决问题、沟通表达和学习上。在和人进行沟通时，有的人说了一堆，别人也没听懂，而有的人会让你觉得他说话特别有条理，逻辑清晰。这就是不同的思维方式导致的。像第一节画的自我介绍，就是先明确准备从哪几个方面来介绍，每个方面又准备从哪几个角度来说明，要重点表达哪些内容。这样别人听起来就会比较明白，而不是很混乱的状况。

后续不管用思维导图来做什么，都需要保持结构化思维，通过归纳整理，让思维不再混乱。

接下来看金字塔思维模式，金字塔思维模式也属于结构化思维中的一种。结构化思维要通过观察，在一堆事物中找出规律，而金字塔思维是针对一件具体的事情来进行细化、分解、拆解。现在临时接到出差任务，必须马上出发，你需要带哪些东西呢？很多人是想到什么就拿什么，经常是上车后或者到了目的地，才想起来好多东西忘了带。

这种情况下就要通过结构化思维，先把自己要带的东西进行一个大的分类，有证件类、衣物类、生活用品类、办公用品类等。接下来就是对每一个分类进行细化，这个细化的过程就会用到金字塔思维模式。证件又可以拆解分为身份证、工作证，如果出国还需要带护照之类的，工作证又可分为公司证明和个人名片等。先只针对一个分类一级一级地拆解，拆解到不能再拆，再换另一个分类。

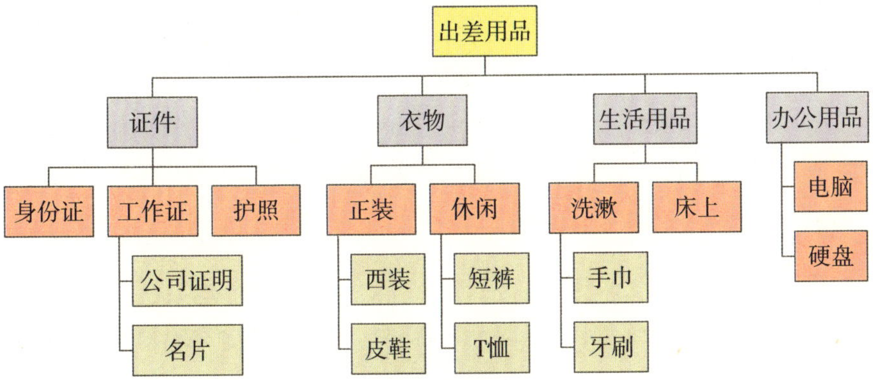

金字塔思维模式

按照拆解的过程倒过来看，就是一个金字塔的形状，所以叫金字塔思维模式，用思维导图来画，方法一样，只是形式不一样。

金字塔思维模式主要分为两步，一是横向思维，二是纵向思维。横向思维就是像刚才说的，先把你要带的东西作一个大的分类，这些分类之间是不矛盾的，属于同一级，就是刚才说的结构化思维方式；接着是针对其中一个分类进行纵向思维，一个一个细化拆解下去。

这种思维模式用得比较多，等你画了很多思维导图后再回过头来看，就会发现很多都是用这种思维模式的，所以我们需要先理解什么是金字塔思维。

上节还说到了一种思维模式，叫作 5W1H，这个也是用得比较多的。5W 分别是指 What、Who、When、Where、Why，1H 是指 How，用在分析详细一件事上，能够清晰地表达，让思路有一定的启发性，并让思路条理化，从而全面地考量。5 个 W 也并不是全部都要的，要根据实际任务来选择。

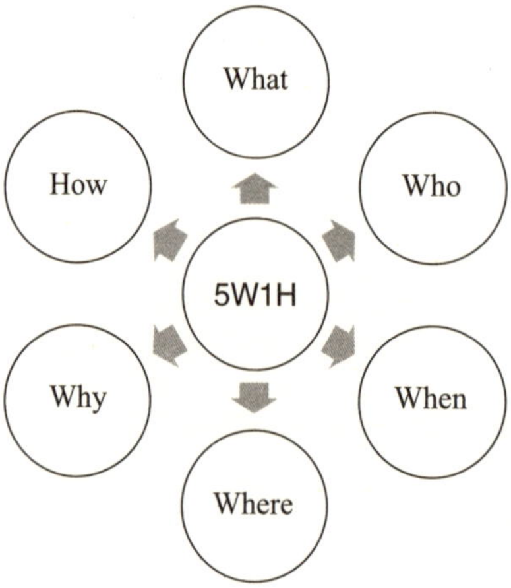

5W1H 思维模式

现在要完成一个新的手机 App 的开发，类似于淘宝，分配给你的任务是完成用户登录模块，具体要做些什么，就可以用 5W1H 思维模式来分析。

What，是指做这件事情的目的是什么。让用户登录不只要区分不同的用户，还要获取他的浏览记录、购买记录，通过这些分析他的喜好，给他推荐商品。明确目的，才能考虑得比较全面。

Who，是指参与这件事的人有哪些。一个项目是由很多人共同完成的。不能只知道用户登录模块是自己负责，还要知道这个项目的主要负责人、项目经理是谁，遇到问题该找谁。

When，是指时间。你准备什么时候开始做，又计划什么时候结束。

Where，是指地点空间。大部分的工作都是在公司办公室里完成的，所以这个地点空间不是必需的，可以直接省去。如果是一些特殊的工作，在不同地点完成不同内容，这个就是必需的。

Why，是指原因，即为什么要做件事。这个和目标差不多，知道了目标，也就知道为什么要做这件事了。所以，这个也不是必需的。

How，是指怎么做。这个是必需的。做任何工作之前，都要先有大概的做法再开始，不要什么都没想好就直接开始，这样做的效率是最低的。用户登录准备怎么做，怎么区分同名的用户，密码如何加密，数据库有哪些字段等，这些都要先想好再做。

按这 6 个方面分析下来，一项简单的工作内容看着也不简单了，但是工作思路更加清晰了。和这个类似的还有 SWOT 思维模式、三角对标思维模式和 PDCA 思维模式等。

SWOT 分析法就是上节说到的，遇到不知如何选择的情况时，可以分别从优势、劣势、机会和威胁 4 个方面来分析，从而做出决定。

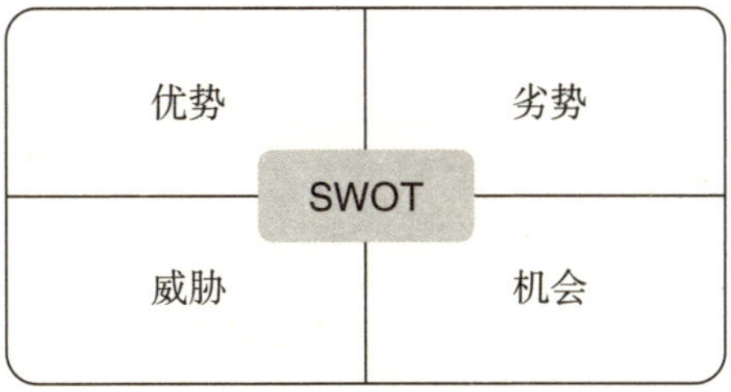

SWOT 思维模式

比如你现在面临一个选择，是在本公司等着升职加薪，还是跳槽到别的公司来实现升职加薪。分别对这两种选择进行分析。

在本公司，你的优势有哪些？工作经验多，来公司多年，是老员工；劣势有哪些？学历不太高，当前公司对管理岗位有一定的学历要求；机会有哪些？现在公司有岗位空缺，还是有机会的；威胁有哪些？另一位同事也想升职加薪，而且他的能力比自己强，学历也高。这样分析完，是不是感觉在本公司想升职加薪有点困难。

那再来看看跳槽。优势同样是经验多，相比刚毕业的人竞争力强，可以弥补学历不高的不足；那这样劣势就暂时没有了；机会是现在正是招聘季，很多公司都提供类似的岗位；威胁也是暂时没有的。这样看通过跳槽来实现升职加薪是一个较好的选择，也就能决定跳槽了。

三角对标是通过对比 3 个方面来得出结果。在工作中常见的是对比同行、自己和预期这 3 个方面来进行。通过对比找到差距，这个差距也就是要解决的内容。

比如现在领导让你完成一个新产品的策划，现在的产品没有特点，没有竞争力，需要策划该如何改进。首先和同行同类型的产品对比，看看同行的产品有哪些特点和功能；自己的产品又有哪些特点和功能，这中间的差距有哪些；接着来

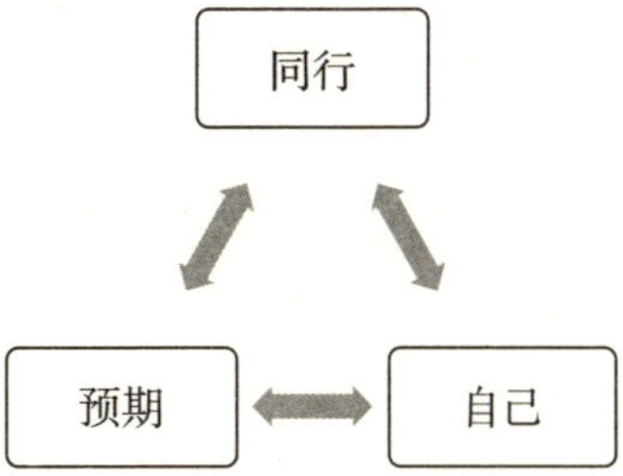

三角对标思维模式

看预期，可以通过问卷调查来了解当前使用自己产品的用户比较喜欢哪些功能，还有哪些功能是最需要的。这些功能在同行和自己的产品中有没有，同行还没有，这就是自己产品的特色了。这样也就知道策划方案的内容了，就是开发用户需要的新功能，缩小和同行的差距，保持现有用户认为好的功能。

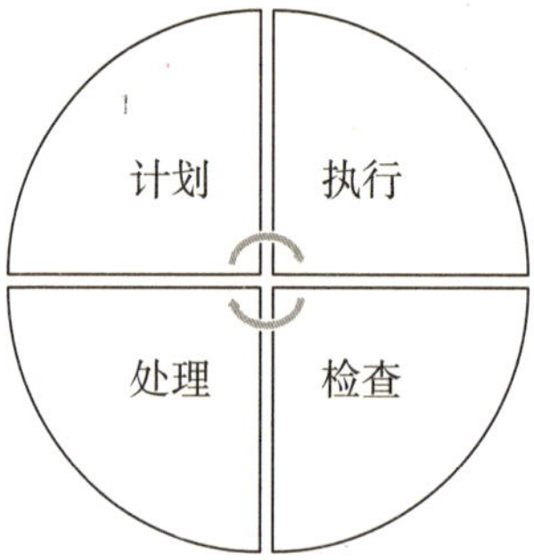

PDCA 思维模式

PDCA 一般用在项目管理、事件速度上。从计划到执行，到检查，最后到处理，可以引导你对一件事更好地把握。

可以来看看你的目标管理，很多人实现不了目标，就是因为制订出目标就不管了，真正执行的并不多，而检查和处理更是没多少人会做到。要实现目标，一开始计划就要合理，然后在执行的过程中需要定期进行检查，看看自己执行的结果是不是和目标一致，自己的进展是不是有延后，要根据执行的结果来进行调整，重新处理下一阶段的计划。这样循环下来，最终目标才有可能实现。

最后说一个六顶帽子思维方式。六顶帽子，指的是六个不同的角度，用六种不同颜色的帽子来代表，分别从这六个不同的角度来针对一件事情进行分析，这样得出的结果会更加合理、客观。

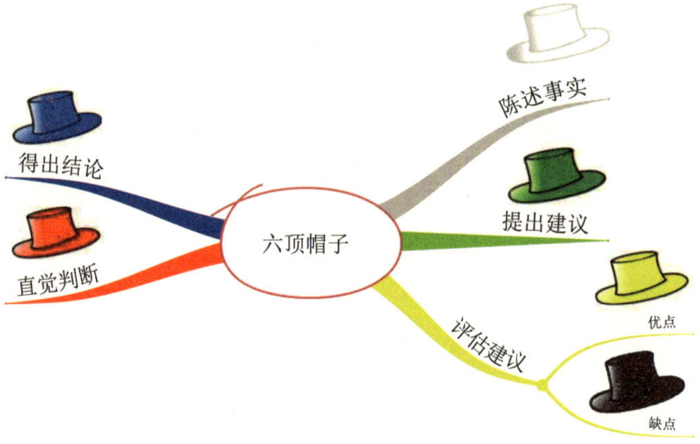

六顶帽子思维模式

具体方法步骤如下：

第一步，陈述事实。先用白色帽子直接把事实陈述出来。白色代表的是中立、客观，只陈述事实和数据，不进行解释说明和批判。

第二步，提出建议。针对第一步提出的问题，给出解决问题的建议，这一步用的是绿色帽子的观点。绿色帽子要求具有创造性和想象力，只要你想到解决这个问题的方法，不管它是否有效，是否正确，都可以说出来。同样地，这时候不需要别人针对这个解决方法来做任何的评论或批判。

第三步，评估建议。针对提出的建议进行优点和缺点两方面的评估。优点是黄色帽子部分。黄色帽子只要求正面、肯定的评估。缺点是黑色帽子部分。黑色帽子要求从负面的角度来进行批判，否定建议，怀疑建议不合理。

第四步，直觉判断。分别从正面和负面的角度列出建议的优点和缺点，接下来需要对建议进行直觉性的判断，即红色帽子部分。红色帽子是从情绪、感觉上，而非理性的角度来做出判断的。如实地表达感觉，不需要多么合理，觉得好就是好，觉得不好就是不好。

第五步，得出结论。采用蓝色帽子的角度来做出结论。蓝色帽子相当于会议主持人的一个角色，需要从整体上调节并控制会议进度，当大家针对一个问题争论不休时，就需要蓝色帽子做出决定。

通过这五个步骤，从六个不同的角度来分析，能够让会议更有效地进行，减少争论不休的情况。

以上就是一些常用的思维模式，介绍这些思维模式的一个主要目的是打破固化思维，换一种新的思维模式来想问题。在画思维导图时，一开始可以按这几种思维模式来画，引导自己的思考，知道怎么画分支，到后面就可以不用这些了，完全按自己的想法来。今天介绍的这些思维模式，在后面的实例应用章节还会提到，并给出具体的实例。所以，本节我们先了解，到实践时再看怎么用。

本节练习：

1. 找一个目标，参照下方模板，用 5W1H 思维分析，看看要实现目标和什么有关，并手绘导图：

2. 用 SWOT 思维模式分析同一个目标，手绘导图：

本节导图：

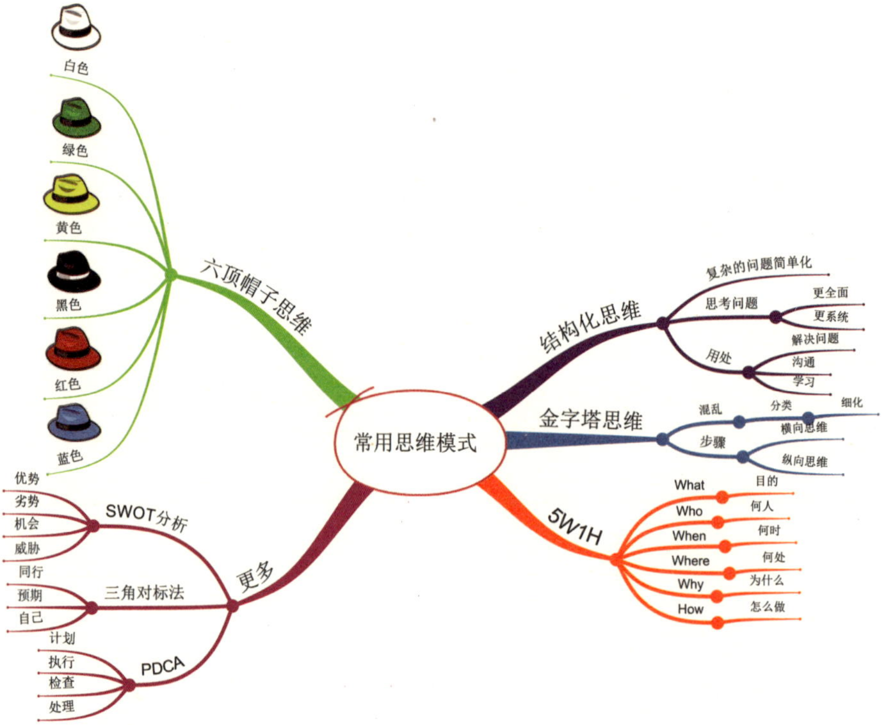

激活大脑，产生更多联想——图像与颜色注意事项

本节来看一下思维导图中图像和颜色使用过程中需要注意的一些事项。

首先来看图像，我们在第二节思维导图的六大原则中已经说了一些注意事项，比如中心图像不要太大，不能花太多时间，而且要和思维导图的主题保持一致。还有分支上的图像大小一般取中心图像的四分之一就可以了。除了这些，在图像的颜色上也有需要注意的地方。

在手绘的过程中，中心图像最好用 3 种以上的颜色。为什么要用这么多的颜色？其实最主要的还是为了刺激大脑，让大脑能够产生更多的联想；还有是只用 1 种颜色来画，这个图像并不是很突出，所以建议画中心图像用 3 种以上的颜色。而且颜色最好与分支线条的颜色不同，比如中心图像用了大量的绿色，那分支颜色就不建议用绿色了。

分支上的图像在画的过程中可以与分支颜色相同，也可以不同，只要能突出显示就可以。分支上的图像在画的过程中颜色没有要求可以只用 1 种，也可以用多种。不管是中心图像还是分支上的图像，都建议不要用太多颜色，用太多颜色会显得太花，这个度需要自己来衡量，有人喜欢简单，那就 3 到 5 种颜色，有人喜欢漂亮一些，就可以适当多一些。

在说六大原则时也说到，中心主题除了工作之外，其他建议全部用图像来代替，但不建议把分支上的关键词全都转化成图像。存在以下 3 种情况的，建议转成图像，其他的就可自由选择。

第一种情况要看具体内容，并不是所有内容都适合转成图像的。一般描述性的文字比较适合转成图像，也就是提取出来的关键词是名词的、指具体事物的可以转成图像。

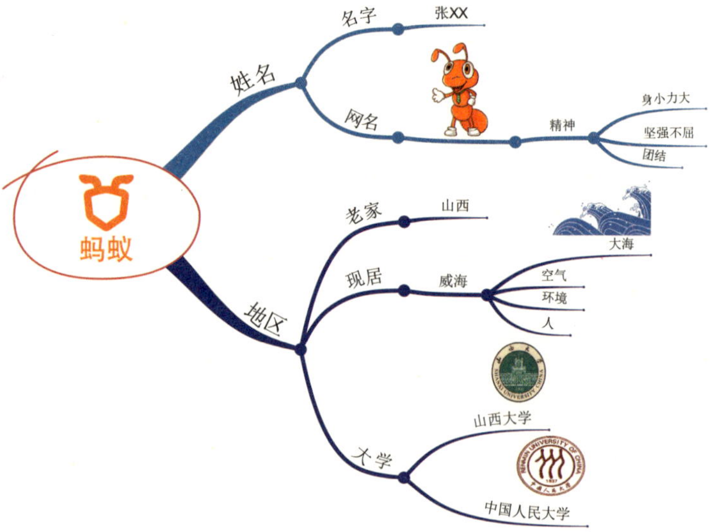

名词转图像

像做自我介绍时我的名字“蚂蚁”这个关键词，它是一个名词、一个具体真实存在的事物，直接放一张蚂蚁的图片，比写文字更直接，给人的印象更深。但一些形容词、副词或不是很具体的事物，就不好转成图像了。像“300 万粉丝”，这个就不好用图像来表达了，总不能画 300 万个人吧，如果用 3 个人来代替，量词还是没法表达，还得用文字来说明，所以还不如直接写个数字简洁、准确。还有像“帅气”这些抽象的概念，到底画成什么样才叫帅气？也是不好画。所以，先把这些能够描述具体事物的名词图像化就可以了。

第二种需要转成图像的就是想要重点突出的地方。只有重点的、想吸引别人目光的地方才需要转成图像，不是重点的地方不需要转。

还是说到我的名字“蚂蚁”，这个是重点，在做自我介绍的时候，希望大家记住这个名字，而真实姓名和别的一些名称不那么重要，所以把“蚂蚁”转成一张图片，其他的不转。在看这张思维导图的时候，首先看到的就是这张图片，可以吸引人的注意。

第三种需要转成图像的就是关键概念。将关键概念转成成图像，可以方便理解和记忆，还可以产生更多的联想。像上一节说到的三角对标思维模式，只说三角对标不太好理解，直接放一张图，对照图来看，会更好理解。

前面也说到思维导图主要是画给自己来看的，所以画的图像一定要方便自己来认识内容，自己一看就能知道这些图像要表达什么意思。在自己能够理解的基础上，再来考虑别人能不能看明白。还里再说明一下，如果在工作中使用思维导图，是需要给别人看的，建议图像少一些；如果是自己学习，生活中自己用的，那么图像按正常来就可以了；如果是给小孩用的，那就尽量多用图像。

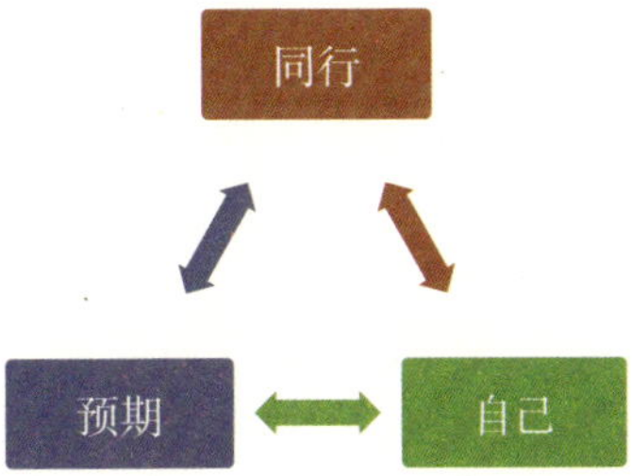

概念转图像

这是在使用图像的过程中需要注意的一些事项。接下来说颜色上需要注意的事项。

颜色在第二节思维导图的六大原则中也说到了一些，要求同一个分支只能用一种颜色，不能一级分支是一种颜色，到了下一级又换成另一种颜色。

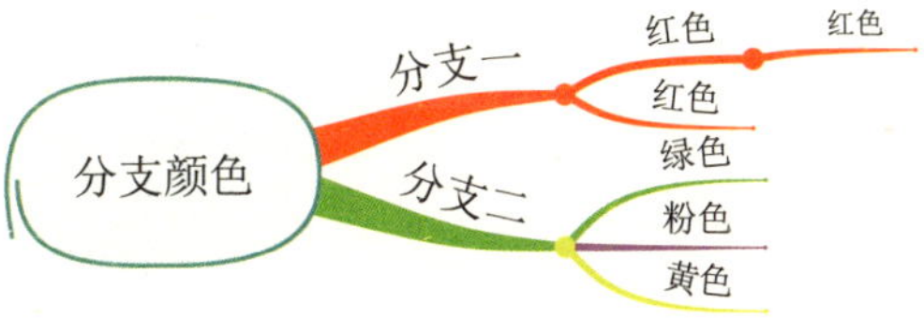

同一分支同一颜色

用不同的颜色除了可以区分不同的分支，还可以表达不同的感情。比如绿色，用绿色可以表达和平、平静；用橙色和黄色可以表达积极兴奋的心情。

不同的颜色可以传递不同的信息，也可以吸引不同的眼光。比如红色，红色在中国人眼里是喜庆的，可以用来表达重要的意识。所以，如果是重要的部分，可以用红色来表明。在一张思维导图中，有一个分支是红色的，那就表示这个分支是比较重要的。

不同的颜色也能诱发不同的心理，从而产生不同的联想。比如黑色和深蓝色，一般代表消极的意思。如果你现在的心情不太好，用红色就不太合适了，可以用深蓝色来表达。

怎么选择这些分支颜色，可以参考上一节介绍的六顶帽子思维模式中的颜色。六顶帽子就是用不同的颜色来表达不同的态度。比如要表达实事求是的态度，就可以用白色。但是在纸张上画或者用软件画，是不能用白色的，因为背景就是白色的，再用白色，会看不清，所以可以用灰色之类的来替代。要表达正面积极的、希望引起注意的想法，或者表达自己的好心情，就用红色或者黄色。黑色可以代表消极的方向，不好的地方，或者负面的心情。希望表达自己有创意的地方、比较平静的心情，可以用绿色。而蓝色，可以表达比较正规、严肃的观点。

在画思维导图的过程中，可以参照这些想要表达的不同内容来选择颜色，当然也可以完全自由地选择颜色，并不是强制要求的，只是在不知道用什么颜色的情况下可以参考一下。

在使用颜色的过程中需要注意以下问题：

第一个是之前说的，如果现在可用的颜色比较少，只有两三种颜色的笔，那么在画分支的时候，不同分支之间颜色最好是错开的，不能第一个分支是橙色，第二个分支还是橙色，至少应该插入另外一种颜色，交错使用。

还有是在画的过程中，尽量少选一些看起来比较刺眼的颜色。比如亮黄色，看起来会觉得很刺眼，看到这种颜色就不太想仔细去看，所以建议少选择这类颜色。另外，建议少选择不太明显的颜色。像刚才说的白色，在哪儿画了分支都不太容易看出来。还有是用和分支同样的颜色写关键词，这样容易看不清楚。像荧光绿，写了字就不太容易看清，这类颜色也不太建议选择。

建议多去选择一些自己喜欢的颜色，你比较喜欢绿色，那就多用一些绿色；你喜欢红色，就多用一些红色。选择自己喜欢的颜色，也能让自己喜欢上画思维导图，从而坚持更长的时间。

这是本节介绍的图像和颜色在使用过程中需要注意的一些事项，并不是需要严格遵守的，只是作为参考。

本节练习：

1. 请至少选择 4 种自己比较喜欢的颜色，这 4 种颜色就是你后续画思维导图过程中经常会使用到的。

2. 学习一些简笔画的画法，可以在网上搜索视频等来学习。

本节导图：

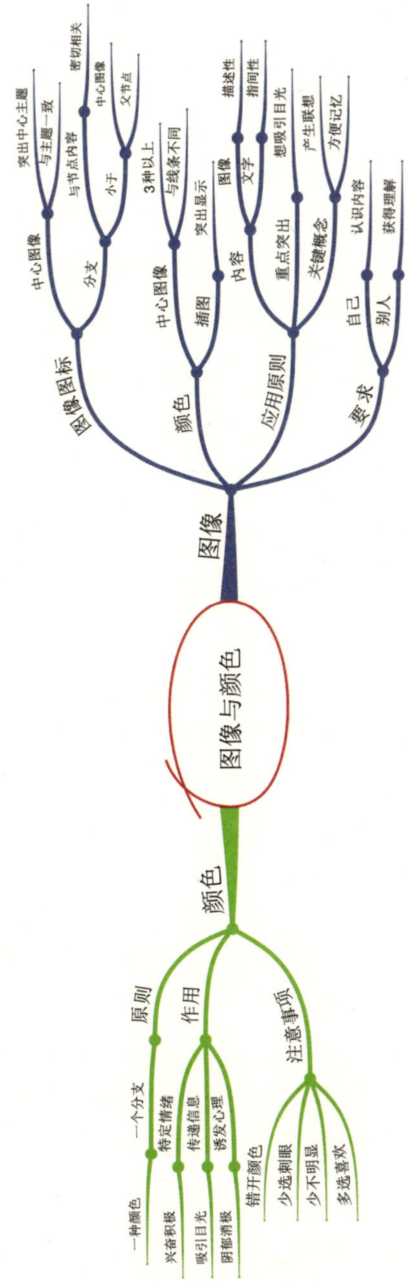
图像与颜色
图像
图像图标
中心图像
突出中心主题
与主题一致
分支
与节点内容
小于
密切相关
颜色
中心图像
3种以上
与线条不同
插图
突出显示
应用原则
内容
图像
文字
描述性
指向性
重点突出
想吸引目光
关键概念
产生联想
方便记忆
要求
自己
认识内容
别人
获得理解
颜色
原则
一个分支
一种颜色
作用
特定情绪
兴奋积极
传递信息
吸引目光
诱发心理
阴郁消极
错开颜色
注意事项
少选刺眼
少不明显
多选喜欢

替代手绘——思维导图常用软件与注意事项

本章节会介绍一些常用的思维导图软件，以及一些简单的使用方法。

在介绍之前，我还是要强调一下，学习思维导图的过程中一定要先手绘，等你绘制了一定数量以后，再使用这些软件工具。使用软件工具的时候，尽量多用电脑软件，在电脑上使用，少用手机 App。

现在很多人在学习过程中，正好是反过来，不想手绘，也不想用电脑软件，就想直接在手机上画，这是错误的。在手机上画思维导图，并不能完整地发挥思维导图的作用。手机屏幕不大，会限制眼界，不能自由地展开联想，而且手机操作很不方便。所以要用软件，请到电脑上用，手机上真的不是很适合。手机上比较适合收集灵感，在公交车上，突然有了一个好的想法，可以先在手机上写下来，简单扩展一下。但想要具体下去，还得在电脑上操作。

另外，使用思维导图的软件工具不需要太多，选择一两个就够了。之前发现有人下载了很多思维导图的软件，到底要用哪一个？自己都不清楚。如果你刚开始使用软件，不知道哪个好，可以都下载下来试用一下，觉得哪个好用就留下哪个。

这是一些注意事项，接着来对比一下手绘和使用软件的优缺点。

手绘的优点是随时随地都可以画，只要有一张纸一支笔就可以；而且画的过程非常自由，图像想怎么画就怎么画，线条想怎么弯就怎么弯，很随意；画的过程中大脑是全程参与进来的，能够激活大脑。缺点一是空间有限，一张 A4 大小的纸，就那么大，经常在画的时候就发现不够用了；二是修改起来不方便，每次修改都需要重新画一张；三是手绘的不是很正式，像工作中用思维导图做会议纪要，进行工作汇报等，手绘的就不太合适了，还是用软件正式一些。

用软件来画思维导图的优点最重要的一点是不受空间限制，想画多少都可以；其次是修改方便，分支结构可以随意地拖拉调整；再次是刚才说的它显得比较正式；最后它也是方便归档的。手绘是一张张纸，画多了不进行整理，后续查找起来不太方便。用软件画的是电子版，方便管理和查找。但用软件的缺点就是使用起来不是很自由。想要插入一些图像，没办法像手绘一样直接画，需要去找相应的图片，而找图片的过程，思路也就中断了；另外就是大多数软件里画出来的分支都是直线的，不是带有弧度的，并不是很美观。

手绘	软件
· 随时随地	· 受限制
· 自由	· 中断思路
· 空间有限	· 空间不限
· 修改不便	· 方便修改
· 不正式	· 正式

手绘和软件的优缺点

手绘和用软件各有优缺点，那具体什么时候用手绘，什么时候用软件呢？建议在进行一些有创意的，需要激发大脑更多想法的时候用手绘，保持思维的流畅，减少中断。另外就是需要进行记忆的时候，也用手绘来进行，可以直接把联想到的图像画出来，更方便记忆。如果是在比较正式的场合使用，比如刚才说的会议纪要、工作汇报等，是需要给别人看的，那就建议用软件来画。在进行一些不确定性比较大，后面修改比较多的情况下，也建议用软件来画。

说了这么多使用时的注意事项，接着来介绍一些常用的软件。首先来看电脑软件。

第一个推荐的是 XMind。这个软件支持 IOS 系统和 Windows 系统；它兼容的工具比较多，比如印象笔记，可以直接将画完的导图存到印象笔记里；它分为收费版和免费版，免费版的完全够用了，能满足我们日常的需要，比如一些特殊的导出功能等是需要付费的；另外它有一个优点就是模板比较多，不会画的可以选择模板直接套用。

第二个介绍的是 iMindMap。这个是思维导图官方出品的软件，所以它是最接近思维导图的；功能也比较全，可以做出各种类型，也可以插入各种素材；

另外它还可以直接手绘图像，这是个非常不错的功能。学习思维导图还是比较推荐用这个软件的，本书中的示例也都是用这个软件完成的。

除了这两个，还有一些别的软件。

MindManager 也有很多人使用，它是比较适合 Windows 系统的，IOS 系统不太稳定，有一些功能也是需要付费的。

FreeMind 是一个开源的软件，完全免费，而且它是跨平台的，在 Linux 系统上也能使用，就是画出来的导图不太美观。

另外如果你不想在电脑上安装软件，也可以直接用百度脑图来画。不需要安装软件，直接打开网址就可以用，直接在百度里搜索百度脑图就可以找到，也是免费的，但画出来的不太美观，功能也比较少。

这是给大家推荐的几个软件，还是建议优先选择 XMind 免费版，有资金的可以选择 iMindMap。

接下来再介绍一些手机 App。手机上面的 App 也有很多，像刚才说的这两个电脑软件，它们都有对应的 App。手机上比较推荐的是 MindNode，这个使用起来比较容易，界面也比较清新简单，但是画出来的有些幼稚，另外它只有 IOS 版本，安卓系统上没有。安卓系统上可以用“思维导图”，直接在安卓应用市场里面搜索“思维导图”下载就可以，而且它在 IOS 系统上也有。

这就是给大家推荐的几个软件，具体如何操作等，可以到各个对应的官网上查看，都有详细的使用说明，有的还有视频教程。操作不难，难的是思路，怎么改变自己之前的固有思维。接下来的章节，我们会通过实际应用来掌握办法。

本节练习：

1. 百度搜索 XMind 或 iMindMap，在官网下载电脑版并安装，用工具完成一张思维导图。

2. 对比手绘和用软件画的不同，感觉一下哪个能够让思路更自由。

本节导图：

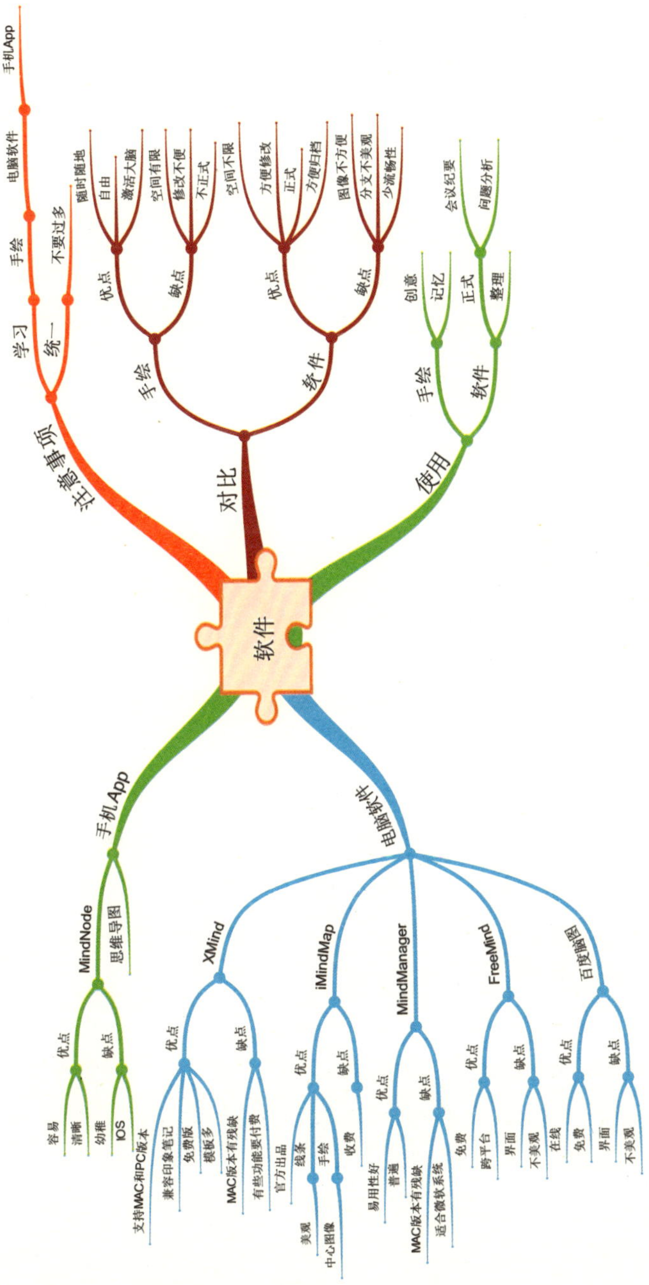
软件
注意事项
学习
统一
手绘
电脑软件
手机App
不要过多
对比
手绘
软件
优点
缺点
随时随地
自由
激活大脑
空间有限
修改不便
不正式
空间不限
方便修改
正式
方便归档
图像不方便
分支不美观
少流畅性
使用
手绘
软件
创意
记忆
正式
整理
会议纪要
问题分析
手机App
MindNode
思维导图
优点
缺点
容易
清晰
幼稚
IOS
电脑软件
XMind
iMindMap
MindManager
FreeMind
百度脑图
支持MAC和PC版本
兼容印象笔记
免费版
模板多
MAC版本有残缺
有些功能要付费
官方出品
线条
手绘
收费
美观
中心图像
易用性好
普遍
MAC版本有残缺
适合微软系统
免费
跨平台
界面
不美观
在线
免费
界面
不美观

第二章

高效能人士，都是思维导图控

明确方向——如何用思维导图进行目标管理

现在大部分人要么迷茫，不知道自己要什么；要么焦虑，想要的太多，却一直都没有时间去做；最重要的还有习惯性的拖延，有了想要的，也有时间，却还是拖着不去做。

要解决这些，需要做好目标管理、时间管理并解决拖延。之前你可能已经学了很多方法，这次我们换个形式，用思维导图的形式来重新管理一下，看看有没有比之前的更好一些。先来看目标管理。

目标

- [ ] 升职加薪
- [ ] 出国旅游
- [ ] 写一本书
- [ ] 一年阅读100本书
- [ ] 一年攒下10000元

常见制订目标方式

在制订目标计划时，之前的方法是把想到的目标一个一个列出来，然后细化成计划，确定一下时间就好了。这样列出的目标并没有进行一个很好的量化，不够明确具体，也没有整体性，目标之间的联系不太容易看出来，也不方便执行。

用思维导图可以很好地解决这些问题，主要有加、减、乘、除这四个步骤。

第一步是加，也就是清空大脑的过程。这里就要用到之前说的结构化思维，先画五个分支，对目标进行分类，可以分为工作、生活、学习、健康和财富这五类。这五类基本可以概括所有的目标，如果你还想有其他分类也是可以的，再新增几个分支写上就行。

目标分类

有了分类，接下来可以分别针对每个分类把你想达到的目标列出来。有了分类可以集中注意力，说到工作就只想工作，大脑也不会混乱了。

列的过程中想到什么就写什么，不要去想这个目标能不能实现，不要去想这个目标对不对。这里列的目标包含远景目标、中期目标和近期目标，就是不管什么时候实现，能想到的都写出来。

列目标的时间最好限定在 20 分钟之内，有了时间限制，才会优先把自己觉得重要的目标写出来，后面想到的那些重要性就不是很大了。比如工作目标，一说到工作目标，你首先想到的是升职加薪，这个目标对于你来说就是比较重要的，后面想到的对你来说就不是那么重要了。有限的时间能激发大脑活跃起来。

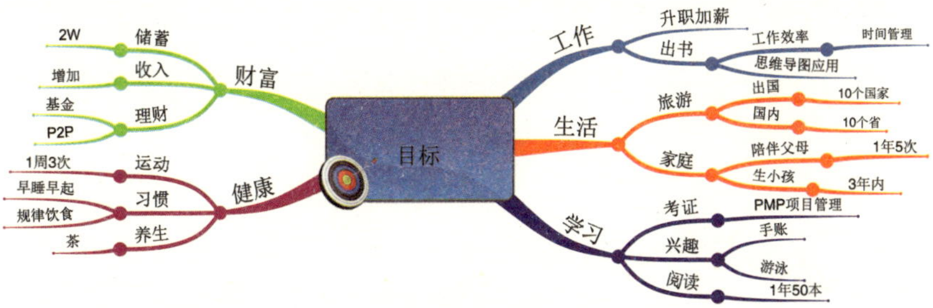

列出目标

将所有的目标都列出来后，接下来是第二个步骤：做减法，需要对每个目标进行分析，并删除一些目标，对目标进行精减。

刚才第一步写目标的过程中是不进行任何思考的，结果就会列了很多目标，这些目标中其实有一些是不可能实现的，还有一些是对自己来说不重要的，这一类的目标就要进行删除。应该把有限的时间和精力放在最重要的、最有可能实现的目标上，而不是浪费在不重要、不能实现的目标上。

首先删除的是那些当前自己条件不满足的目标，这些条件有知识方面的，也有资源和资金方面的。想要升职加薪，但是公司要求必须有项目管理的经验才可以，你当前没有，这就是你的条件不满足。条件不满足，再怎么努力也是没有用的。要实现目标，需要先有项目管理经验，要获取项目管理经验，可以通过考取项目管理的证书来达到。所以，请先把升职加薪的目标删除，重新增加一个考取项目管理证书的目标，等这个实现了，再来说升职加薪。

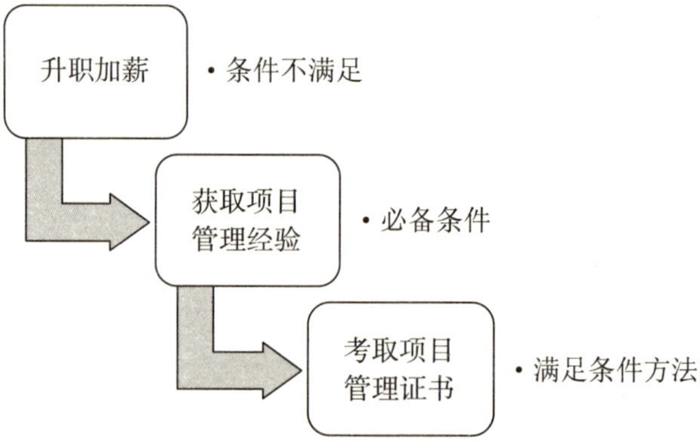

调整目标

还有一些像自己想要出国游，但资金不够，那就需要先去准备资金；想去学游泳，但周边没有游泳馆，对应的资源满足不了，那这个目标也就无法实现，也只能先删除，等条件达到了之后再去实现。

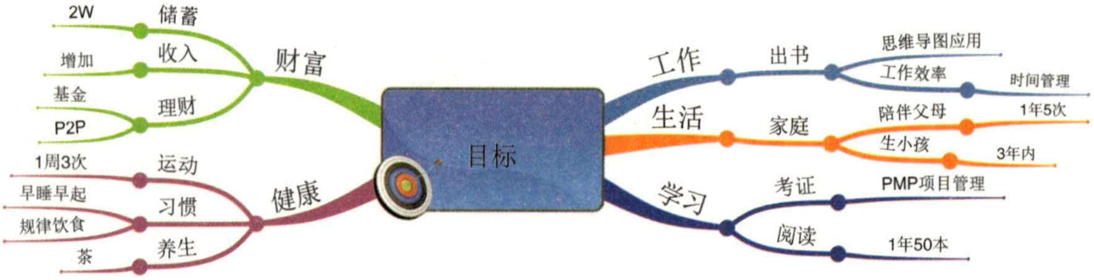

删除目标

删除的另一类是自己觉得无所谓的目标。其实现在很多人的目标都属于这一类，就是这个目标有时间就去做，没时间就不做，能不能实现都无所谓。当你有这样的想法时，这个目标一般是实现不了的。列了个升职加薪的目标，能实现肯定好，实现不了也无所谓，那就赶紧把它删除吧，目标不是等来的，得有实现目标的动力才行。

接下来还需要考虑目标之间的相关性，删除或者调整相互矛盾的目标。之前列目标的方式都是单独列出来，目标之间的关系不明显，但事实上很多目标之间存在一定的联系或者矛盾。比如在制订生活上的目标时，有个目标是今年想要出国旅游，但是财富上有一个目标是今年要攒多少钱。出去玩，肯定要花钱；要攒钱，肯定得省钱，这两者之间就产生了矛盾。要解决矛盾，就需要有取舍，对应的目标就需要调整或者直接删除。选择了出去玩，那攒钱的目标就需要删除或者是降低，一开始是攒 10000 元，现在就只能是攒 1000 元了。

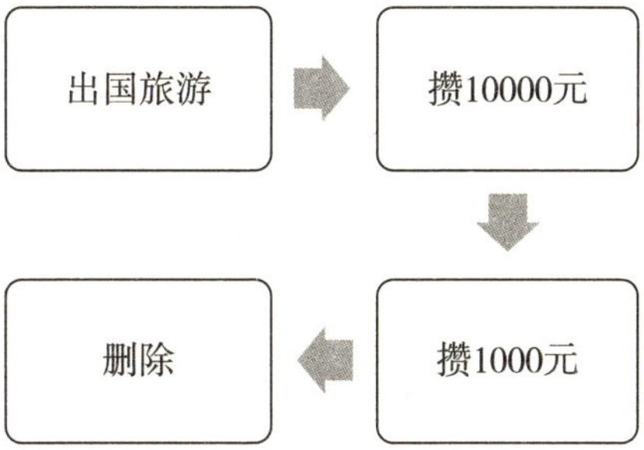

解决矛盾

还有目标之间的相互联系，工作上的升职加薪，与你财富上增加收入的目标是相互联系的。升职加薪，工资多了，增加收入的目标也就实现了；升职加薪失败，那增加收入的目标你又准备如何实现？这也是需要考虑的。

有相互关系的目标之间可以用交叉线连接起来，这样在看的时候可以直接看到，从整体上考虑目标。

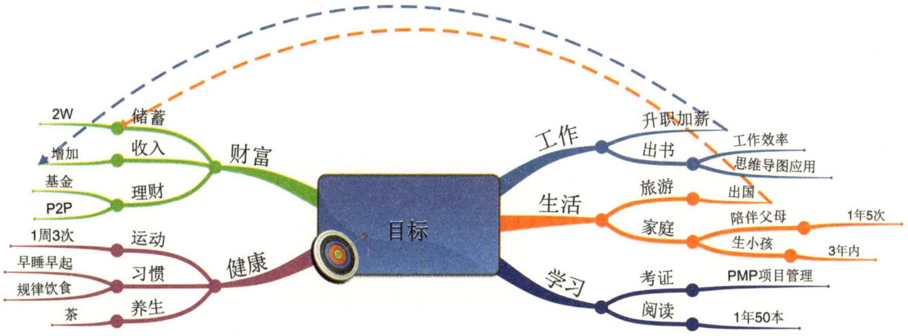

目标相关性

删除留下的目标，还需要继续分析，这就要用到前面介绍的 SWOT 思维模式，分别从优势、劣势、机会和威胁 4 个方面来进行分析。

比如我有个目标是出版一本思维导图方面的书，优势就是有现成的内容，已经办了好几期思维导图训练营，这些课程内容可以转化成书的内容；劣势是自己的文笔不太好，写出来的内容不够吸引人；机会是现在人们对思维方面的内容是比较感兴趣的，所以出版社也愿意出这方面的书籍；威胁是自己的个人品牌还不够大，影响力小，如果有别人也出书，出版社可能会优先选择别人。

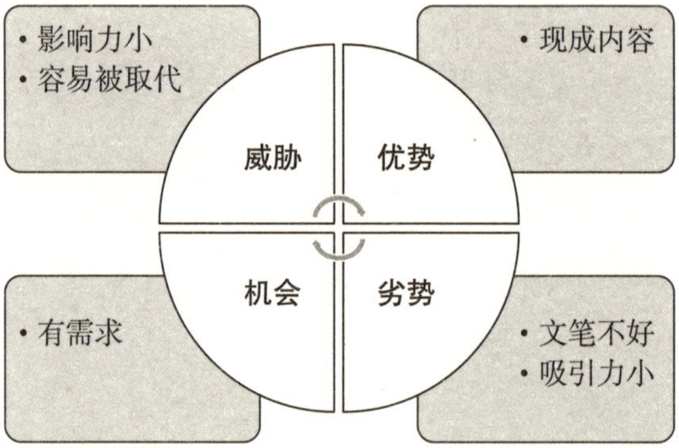

SWOT 分析

用思维导图可以直接画四个分支，写上对应的内容，将自己现有的情况列出来。

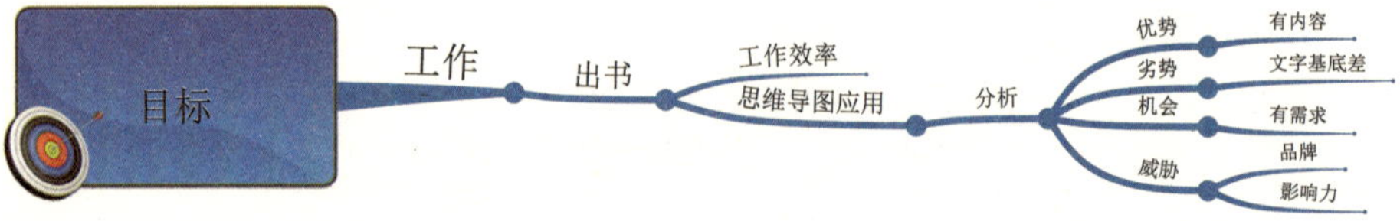

分析目标

分析完这样一个目标后，如果是劣势和威胁比较大，那这个目标当前也不具备实现的条件，建议删除，先去执行优势和机会比较大的目标。

接下来就是第三步：乘，乘就是要将实现目标的可能性增大。先比较现状和目标的差距，根据这些差距才能知道你怎么去执行，才能找到实现这个目标的路径。

要出书了，现状是字数不达标，内容只有 7 万多字，要求是最少 12 万字。还有是目录结构不清晰，要出书，目录一定要有吸引力，编辑才能通过。要缩小这些差距，这个目标才有可能实现。具体怎么来实现？字数上需要除了原有课程的内容外，还需要多增加一些实例，这样可以增加字数。另外目录结构上，可以麻烦之前的编辑来帮助修正，增加出版的可能性。这样就找到了目标实现的路径，先增加实例，使字数达标，然后整理目录结构，再让编辑帮助修正，有问题再改。

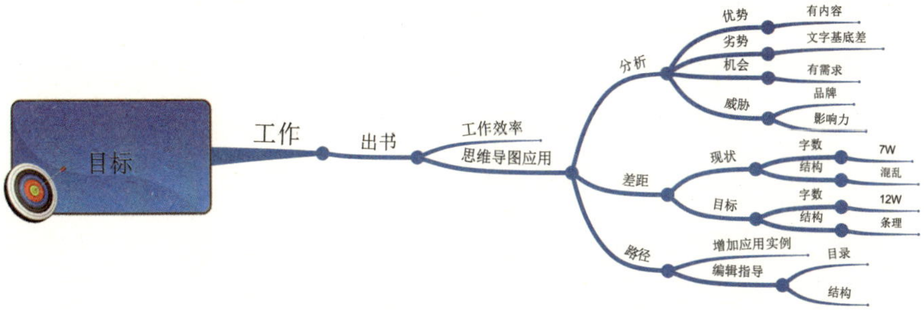

找到差距，明确路径

知道了怎么去实现，接下来就需要把目标拆解成计划。想实现目标，一定需要有一个完善的计划，按计划一步步来执行，最终目标才会实现。这就进入了目标管理的最后一个步骤：除。

除就是将目标利用金字塔的思维模式来进行拆解，至少要按目标实现的时间来划分，要实现这个目标，5 年内要达到什么，3 年内要实现什么，近 1 年内又要实现什么。拆解出来的计划一定是具体的、可衡量的、可实现的，每个步骤之间的相关性要明确，还要有截止时间。

3 年、5 年的计划有点远，很多都不确定，所以先有一个大概的目标即可，关键是要明确近 1 年的计划。所以刚才列出的那些目标，现在只保留 1 年内可达到的。1 年内完成不了的计划，就需要拆解，比如升职加薪，今年的目标就是积累管理经验，明年才是实现升职加薪。

近 1 年的目标

接下来需要针对每个目标来进一步明确，不仅要明确具体的细节，还要有完成标准和截止时间。画出 3 个分支，继续细化。

要出版两本书，因为现在还确定不了书名，所以只能有大致的方向，那具体是关于哪方面的书？需要明确，一本是关于提高工作效率的，另一本是关于思维导图应用的。

衡量标准就是目标实现的质量标准，达到什么标准才能说这个目标实现了。出书目标的衡量标准是什么？是说这两本书要出版上市，还是只要完成书稿就可以。因为出版有很多不确定因素，自己能把握的只有书稿，所以完成标准是书稿通过，后续的出版就由出版社来完成了。

截止时间就是这个目标要在什么时间内完成。不能所有目标都在年底完成，应该要明确具体到哪个月份完成。这里只需要到月份即可，不需要具体到日期。

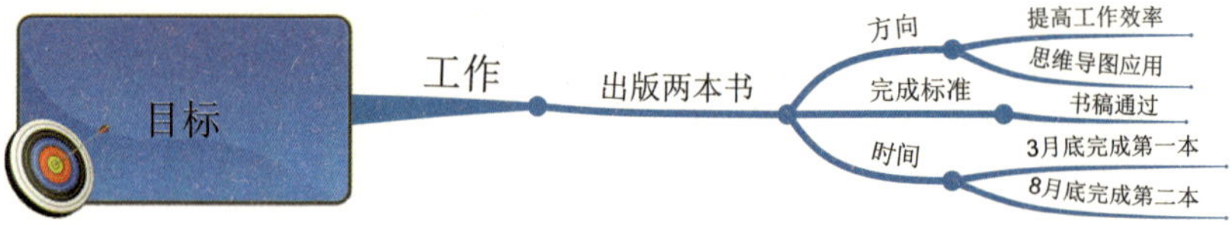

目标明确具体

接下来为了方便执行，还需要调整一下结构，刚才是按目标分类来划分的，接下来需要调整为按月份划分。重新拿出一张纸，画 12 个分支，分别是 1 月、2 月一直到 12 月。把刚才的目标按截止时间放到对应的月份后，在 1 月完成的就放到 1 月的分支后。在这个过程中，就需要将年度目标拆解成月计划了。

第一本书要在 3 月底完成，那分别要在 1 月、2 月完成哪些内容？拆解后，1 月要完成第一章到第四章，2 月要完成第五章到第七章，3 月要完成第八章，还要进行编辑。这样每个月的计划就明确了，只要保证每月的计划能完成，最终一年的目标也能完成。

这里还可以提前想想执行过程中可能存在的风险，比如没有时间等情况，要提前想好解决方案，不要等到问题发生了才想办法，这也能增加目标实现的可能性。

拆解成月计划后还可以继续拆解成周计划，方法还是一样的，只是时间节点不一样。

目标拆解成计划后就要执行了。在执行的过程中，我们可以用到 PDCA 这样的思维模式。要实现目标，一定要随时检查进度情况。很多人制订出目标计划后，要么放着不管，要么就是遇到一点问题不知道如何解决，结果就是拖延。这个计划没完成，下个计划也会失败，这样形成连锁反应，最终目标也无法实现。

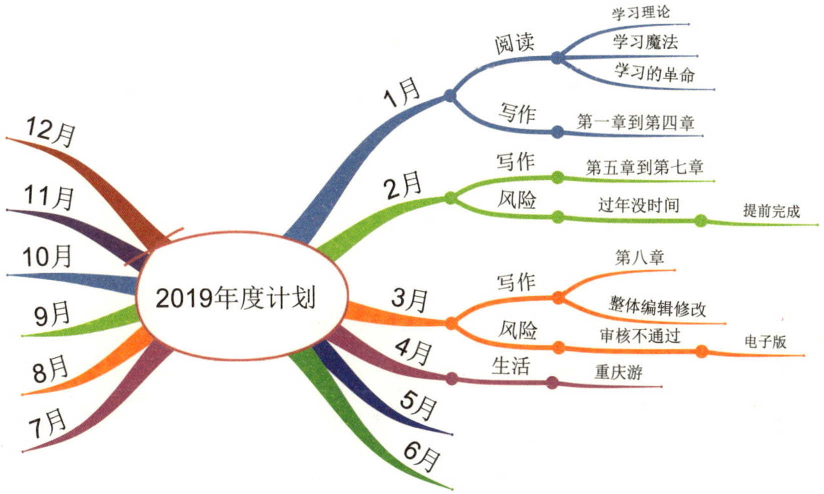

拆解成月计划

这里建议按周来进行检查，每周都检查一下本周的计划执行情况，随时发现问题，随时解决。出了问题，那下周的计划就需要调整。本周因为加班等，写作的时间少了，计划没有完成，那下周就需要多完成一章节，这样才能保证最终的计划不受影响。这些调整都可以在思维导图上进行修改，如果是用软件画的，直接拖动修改就可以；如果是手绘的，需要重新画一张。

这里还要注意，调整的是计划，而不是目标。今年因为各种原因，最终计划执行得都不怎么样，书没有出成，那计划可以调整成明年，但是出书的目标不能改。只要这个目标是自己有条件、有能力实现的，就不能进行修改。

本节练习：

1. 参照下方模板，手绘一张年度目标：

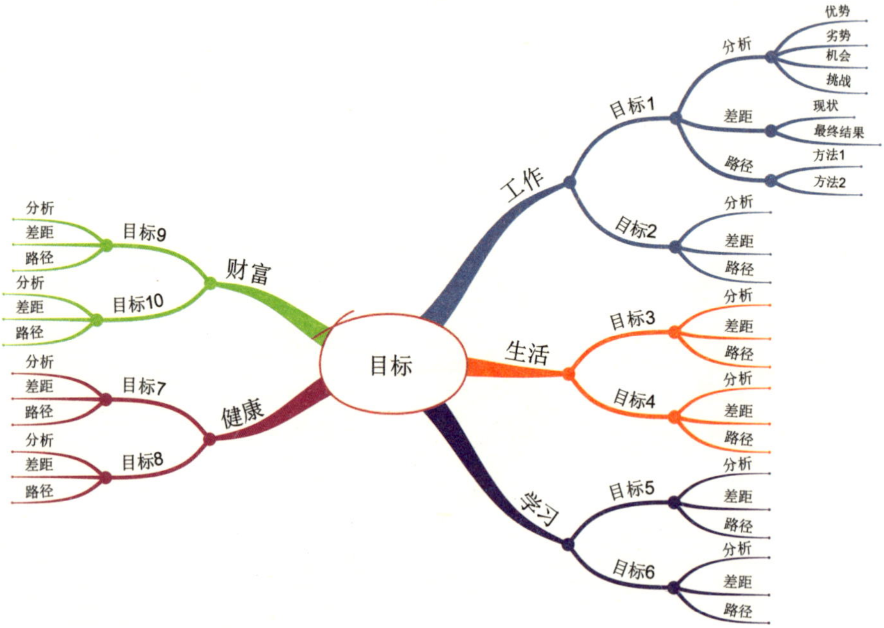

2. 选择其中一个目标，拆解成月计划。

本节导图：

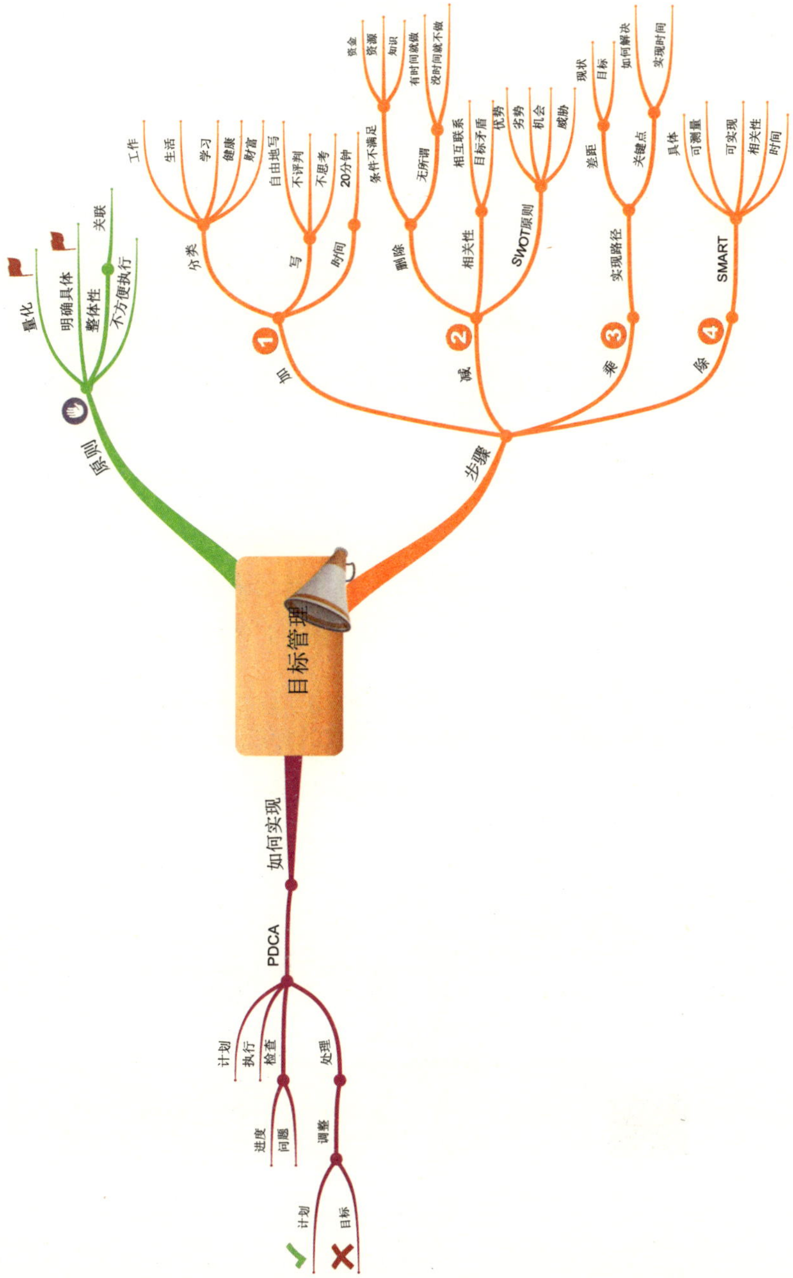
目标管理
原则
量化
明确具体
整体性
关联
不方便执行
步骤
1
加
分类
工作
生活
学习
健康
财富
写
自由地写
不评判
不思考
时间
20分钟
2
减
删除
条件不满足
资金
资源
知识
无所谓
有时间就做
没时间就不做
相关性
相互联系
目标矛盾
SWOT原则
优势
劣势
机会
威胁
3
乘
实现路径
差距
现状
目标
关键点
如何解决
实现时间
4
除
SMART
具体
可测量
可实现
相关性
时间
如何实现
PDCA
计划
执行
检查
处理
进度
问题
调整
计划
目标

忙而不乱——如何用思维导图制订工作计划

上节看的是如何制订目标计划，主要是用在个人目标上，要做什么事，什么时候做完等，这些是可以由自己来决定的。除了这些，还有很多不由自己决定的事需要做，比如工作任务，要做什么，什么时候做完，这些不是由自己说了算的，需要听从领导的安排。特别是作为普通员工时，工作的最终目标是什么，这是由领导来定的。具体的工作计划是什么，好点的领导会说清楚，而大多数领导会直接扔给你，不说要求是什么，也不说要什么时候做完。这样当你同时面对很多工作内容时，就会很混乱，不知道先做哪个、后做哪个，所以需要做好工作计划。

因为工作具有不确定性，所以建议工作计划按周来进行。一个月的变化性太大，经常会有新增的工作；按天来安排又很烦琐，而且缺少整体感觉，不好统筹安排，所以现在很多公司要求做工作周报。

具体如何来做好工作计划，先来看个现成的模板。XMind 里面有一个模板是“每周安排”，按照这个模板可以引导完成一周的工作计划。

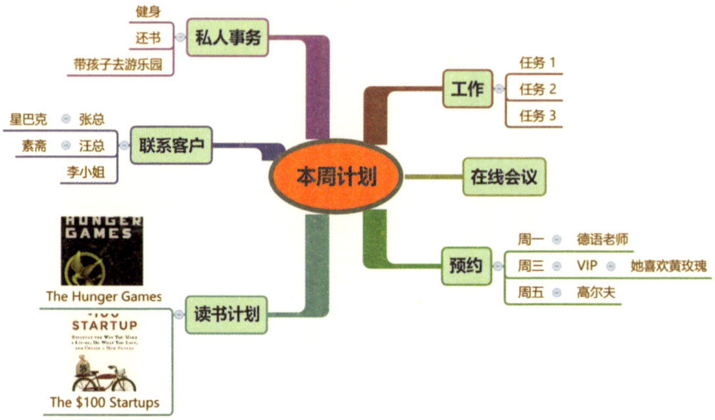

每周安排模板

这个模板还有一些缺点，需要重新进行编辑。

首先是分类上，需要根据自己的工作性质来对分类进行修改。比如“私人事务”，和工作关系不大的就可以直接删除；如果需要阅读一些和工作相关的资料，可以将“读书计划”修改为“阅读”；如果自己属于销售岗位，还可以将“预约”和“联系客户”合并成一个分类。

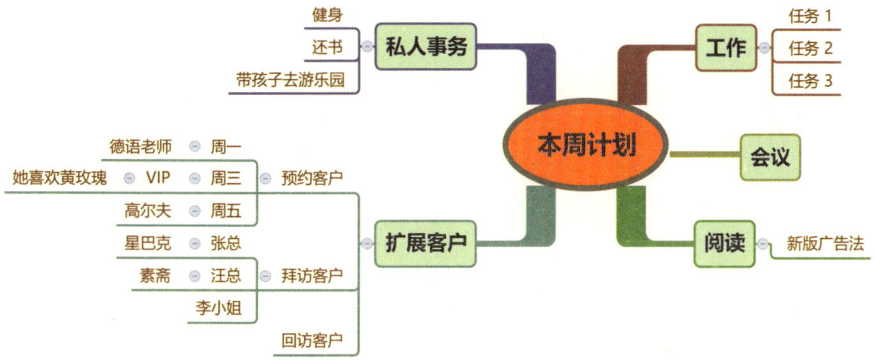

调整分类

调整好分类后，再在每个分类后加上本周内需要自己处理的工作任务。

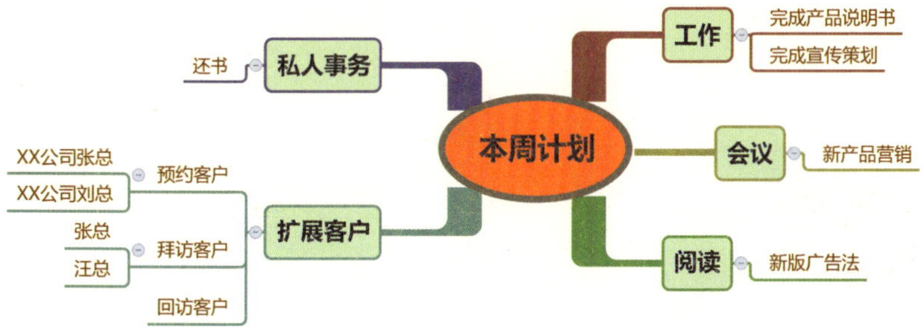

添加工作任务

知道了本周有哪些事要做，接着还需要继续细化完善，也就是让工作任务更详细具体。比如要去拜访客户最好提前预约一下，预约好的时间和地点就需要在拜访客户里明确。去拜访时自己需要准备哪些也最好能明确。可以引出时间、地点，准备 3 个分支，补充完整。同样工作会议也需要明确会议的议题是什么、时间是什么、地点是什么等。

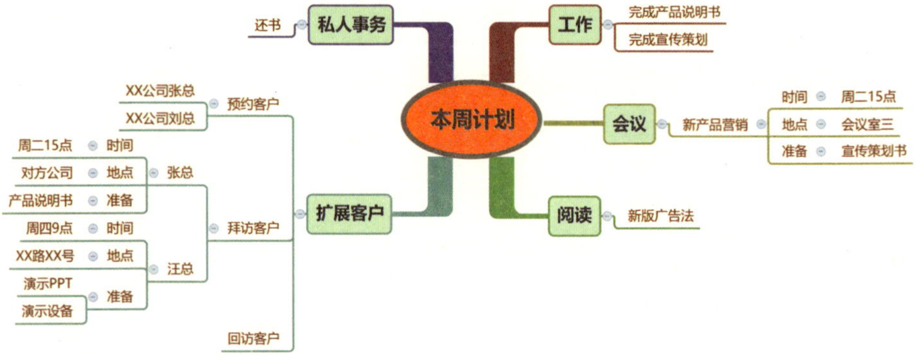

细化任务

在细化的过程中会发现一些问题，比如这个计划中，周二 15 点要去拜访客户，同时有个会议也安排在这个时间。这就需要做取舍，重新安排了。

除了明确时间、地点等这些硬性的要求外，在完成具体工作任务时还可以明确质量要求是什么，这样可以减少返工。因为通常的情况是领导分配了一个任务，自己埋头就开始做，做完了才发现不是领导想要的，又需要重新返工。如果在做之前就明确领导的要求，按要求来做，这样可能一次就能做好，不需要反复修改。还有如果有一些需要配合的任务，也要明确人，到时候直接找就可以了。

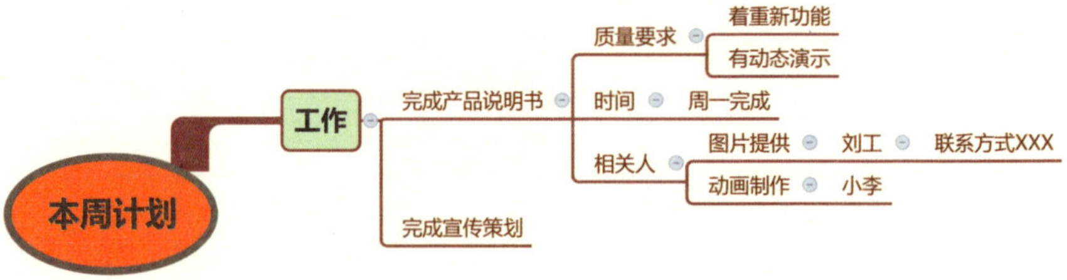

明确任务

全部任务细化明确后，想要看具体哪一天有哪些事情要完成还不方便，因为同一天的任务在不同的分类下，还是有点混乱，所以接下来需要重新调整结构，改成按天来排。分别按周一到周日来画分支，再按刚才细化明确的截止时间重新归类，要在哪天完成的就放到哪天的分支里。有一些事情没有明确的截止时间，可以单独画一个分支出来，比如阅读，有时间就看看，没时间就可以不看。同样地，不能在一天内完成的需要进行拆解。

重新整理后可以直观地看到周一要做什么，周二要做什么，这样的周计划是不是更好一些？

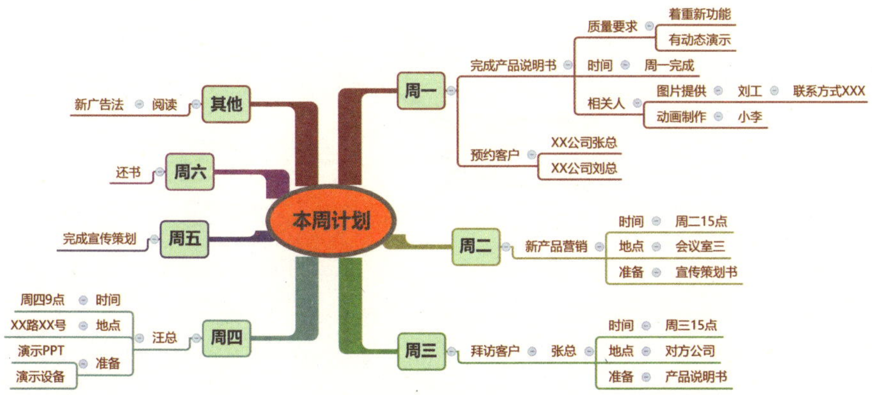

按天调整

这是按照现有的模板画的，如果没有模板怎么画？步骤也是差不多的。同样第一步还是先画分类，然后收集任务。分类可以参考模板来进行，根据自己的实际工作任务来分类。接着把本周所有要做的事都列出来。

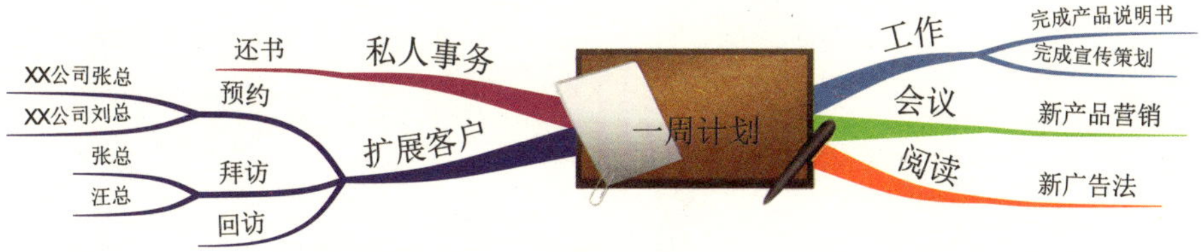

列出任务

第二步还是细化完善，把任务具体的时间、地点和要求等细化明确。

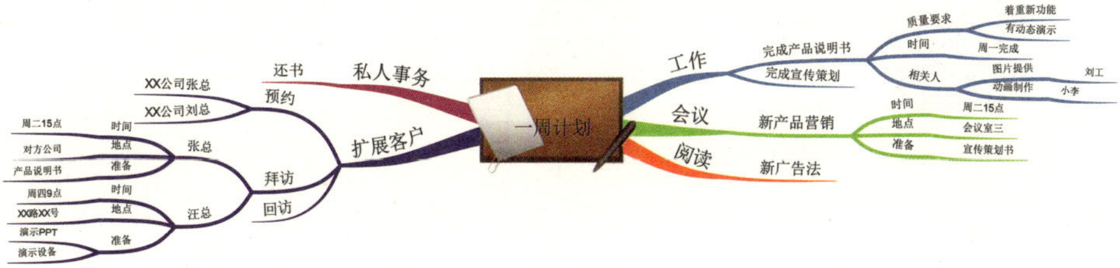

任务细化

第三步是调整结构，从周一到周日安排。还是按截止时间来进行，不能一天内完成的就拆解开。这样一个一周的计划就完成了，每天要做什么，拿出图来看一下就知道了。

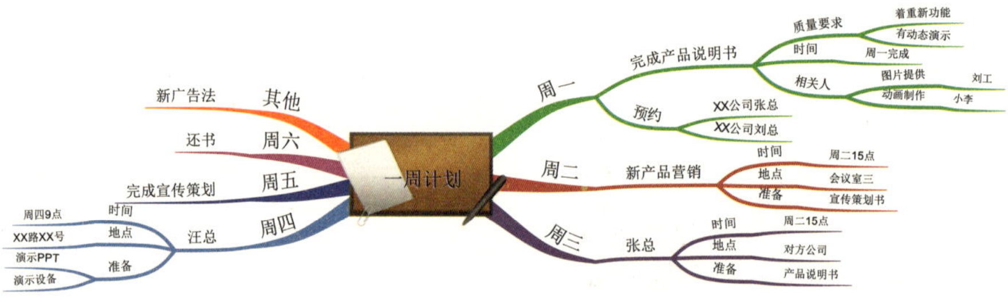

按天安排

有了周计划，接着就要开始执行了。执行的效率也是个问题，想要提高效率，就需要掌握一些时间管理的方法。同样地，时间管理也可以用思维导图来进行，下节我们来看如何用思维导图来进行时间管理。

本节练习：

1. 打开 XMind，选择每周安排模板，尝试用工具来完成自己下周的工作计划。

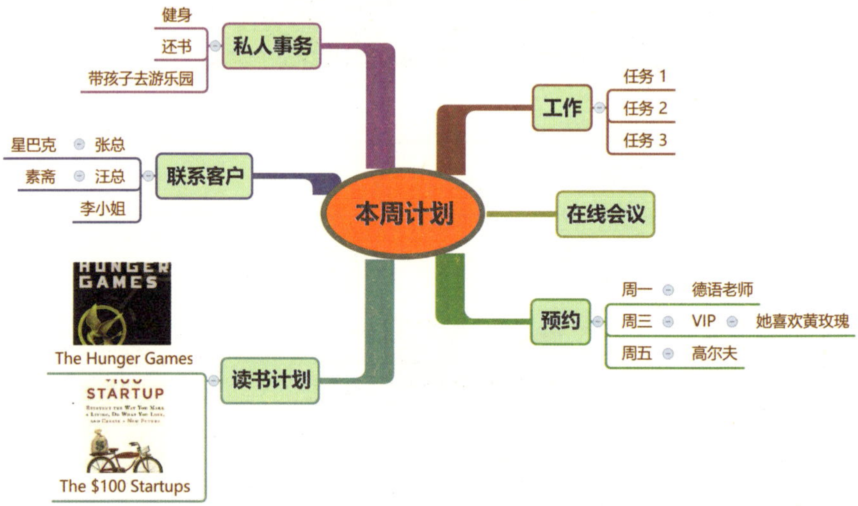

2. 不借助模板，按自己的理解重新手绘完成一周计划，对比与模板的不同。

本节导图：

工作计划
调整
按天
周一到周日
拆解
一天任务量
细化
自己
时间
地点
准备
配合
质量要求
相关人
联系方式
其他
时间
结果
分类
原则
结合本身
不要过多
参照
按内容
按项目
列任务
与自己相关
一周内
多周
拆解

提升效率——如何用思维导图进行时间管理

有了目标，知道了自己要做的事，接下来就是安排时间去做了。

时间管理的方法有很多，简单来说可以概括为收集、整理、执行和回顾这四个步骤。这四个步骤用思维导图来执行效果会更好，接下来我们还是拿一周的时间安排来看一看。

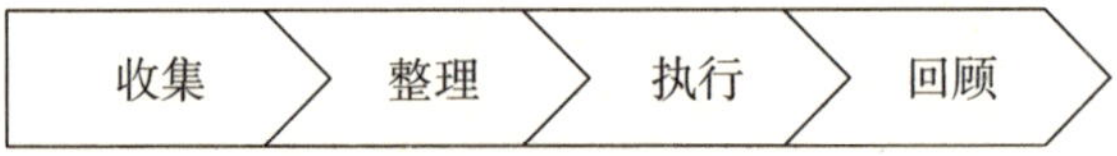

时间管理步骤

首先是收集。时间管理的前提是知道你有哪些任务要做，然后才能安排时间。收集的任务包含根据自己的个人目标拆解出来的计划，按上一节的方法制订的工作任务，还需要加上一些生活的琐事。只要是和自己有关的，不管是工作、学习还是生活，都列出来。这一步可以直接按天来划分，如果一天内完不成，就需要进行拆解。

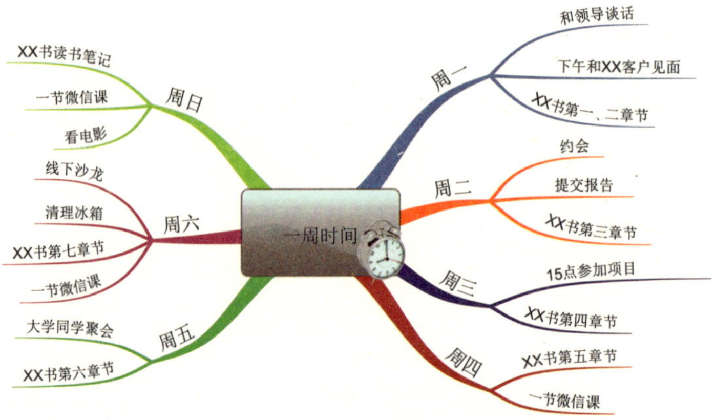

明确要做的事

收集完成，接着是时间管理的一个重点，区分任务的优先级，分清楚哪些事是重要的优先做的，哪些事是不重要的可以往后放的，这样在时间有限的情况下，可以先去做那些重要的，这样就不会混乱。

优先级常见的是按四象限来划分，但这个不好划分，经常是一个任务不知道该放到哪里。我们就简单一些，按完成时间来划分。划分为从 1 到 4，一共四级。1 是今天必须完成的；2 是今天不做完也行，但是在本周内必须做完的；3 是本周完不成也可以，下周还可以继续的；4 是不管什么时候完成都可以的。

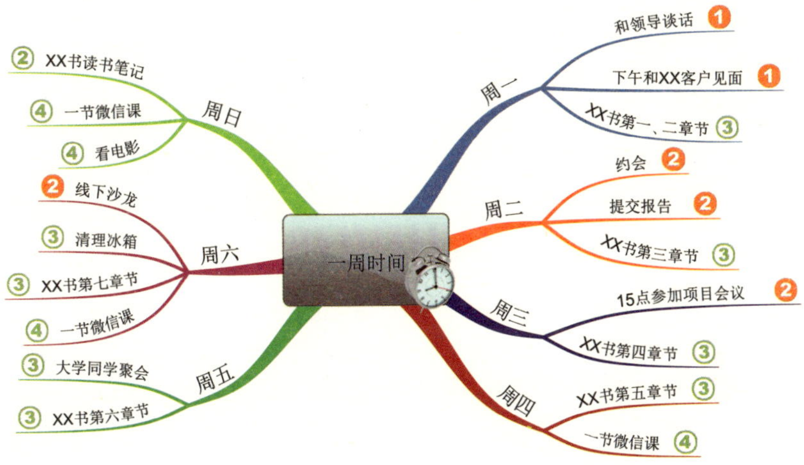

标明优先级

都安排好了，接着就是去执行了。每天开始工作前先拿出这张思维导图看一下，就知道今天要先做什么，后做什么，这样能更好地安排自己的时间。每天优先保证标为 1 的完成，接着是 2，有时间了再去完成 3 和 4。

同时在每天睡觉前再回顾一下，把每个任务执行的结果用符号来标明，哪些是执行完的，哪些是没有执行完的。没有执行完的需要写明原因是什么，是自己的原因还是外部的原因，后面还需要写上解决方案。比如和领导谈话按时完成了，那就打对钩，谈话的内容是什么，可以简单写一下，方便回顾。和客户见面没有按时完成，就打个叉，原因是客户改时间了，改到哪一天要明确，方便调整自己后续的安排。

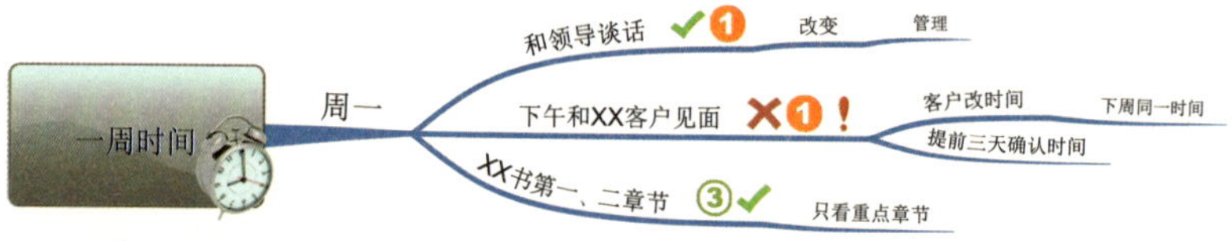

标明执行结果

刚开始进行时间管理时，大部分都是会打叉的，会因为各种原因无法按时完成计划。为了减少这种情况，就需要不断地进行总结和调整。这次因为客户改时间无法按时完成，原因看上去是外部的，自己不可控，但如果自己能够提前和客户确认一下，也能减少这类问题的产生。所以下次再遇到同类任务，在安排时间之前，可以专门和客户确认一下，这样才能减少任务变化，从而保证工作节奏。只有不断地调整，最终才能形成适合自己的时间管理方法。

这是一个大体的时间管理方法，按照这个方法执行，自己的时间能够安排得更加合理，不会再混乱。但这里还有一个问题，经常正在做这件事的时候，又来了另一件事，这样又会打乱自己的节奏，而且注意力无法集中，效率会降低，时间管理也无法进行。下一节，我们就用思维导图来提高注意力，减少被打断的情况。

本节练习：

1. 参照下方模板，收集下周要完成的任务并拆解到天，优先级按自己的情况调整。

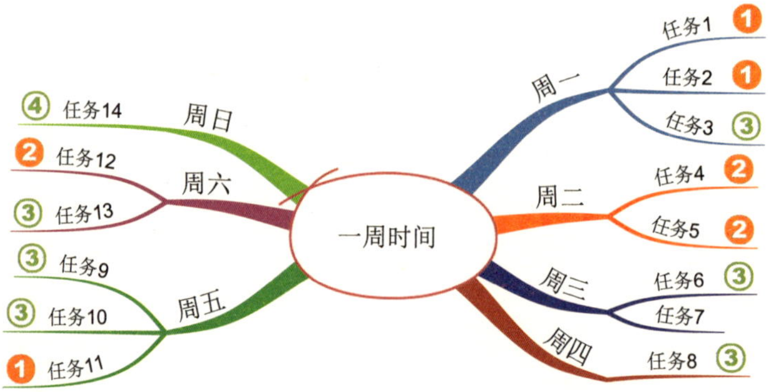

2. 每天结束后回顾一下，标明哪些是未完成的，并写下原因是什么，下周如何改进。

本节导图：

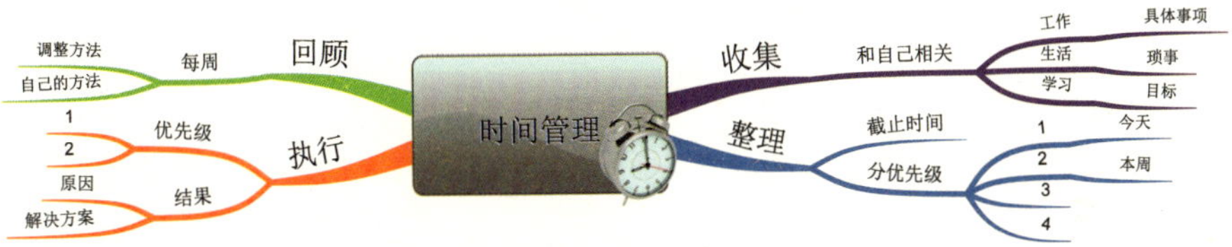

提升专注力——如何用思维导图高效工作

上节进行了时间安排，本节来看一下在执行过程中如何集中注意力，保持高效。注意力无法集中，也是影响效率的一个重要原因。

来看看工作中，有多少任务是一口气从头到尾做完的，大部分任务经常会因为各种原因而被打断。正在做一个任务的过程中，突然收到一个邮件提醒或QQ、微信消息提醒，就会控制不住自己，想先去点开来看看。还有因为同事有事来找你，领导新分配临时任务等导致中断。如何减少中断，提高注意力，从而让工作更高效，建议使用番茄工作法来进行。

番茄工作法，简单来说，就是拿到一个任务，先集中注意力做 25 分钟，然后休息 5 分钟，再继续做 25 分钟，再休息 5 分钟，这样循环下去。

听起来集中注意力 25 分钟好像很简单，但真正去做的时候很少有人能坚持下来。所以，刚开始练习时，可以先从较短的时间开始，先从 5 分钟开始，5 分钟内注意力能够集中，不被打断，再增加到 10 分钟、15 分钟，最后到 25 分钟。

使用番茄工作法需要一个计时器，最简单的直接用手机自带的倒计时来进行就可以。在每次开始前，用手机开始倒计时 25 分钟。执行的过程，同样可以用思维导图来进行。

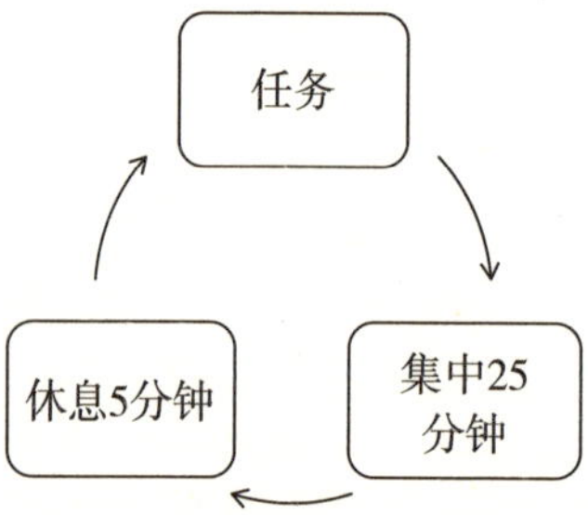

番茄工作法

使用番茄工作法的前提条件是一定要明确知道有哪些事要做，需要有一个待办清单。待办清单可以先按照上一节时间管理里收集的方法来进行，明确任务，并且明确优先级。

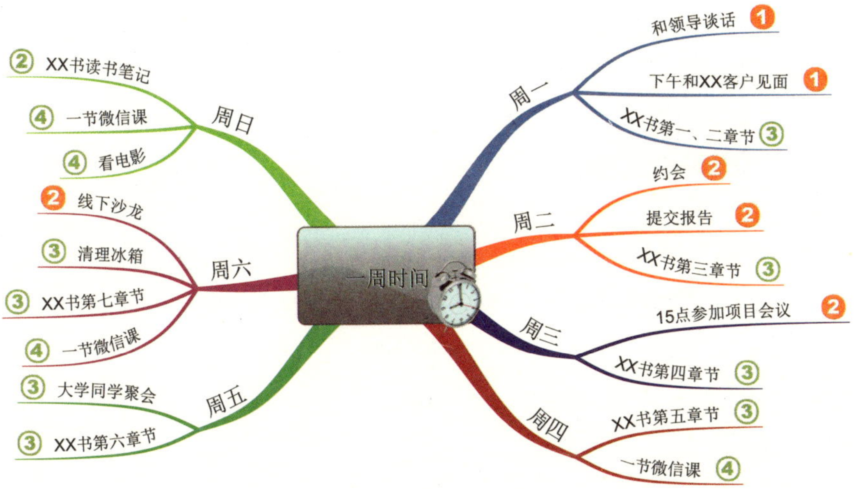

待办清单

有了待办清单，接着到了周几，只要拉出对应的分支，就可以开始倒计时，开启番茄工作法了。为了更好地使用番茄工作法，在开始执行之前还需要先进行一下评估，对每个任务进行定量和定性。

定量是预估清单中的每个任务大概需要几个番茄。1 个番茄是 25 分钟加 5 分钟的休息，也就是半个小时，你觉得这个任务需要几个小时完成，一个小时是 2 个番茄，2 个小时就是 4 个番茄。定性是预估这个任务的难易程度，如果是困难的，需要在原来预估的基础上加缓冲时间，原来预估需要 2 个番茄，因为比较困难，所以加上 1 个，变成总共 3 个。把这些预估的结果在对应的任务分支上做好标识。

如果是手绘的，直接写数字或者画圈都可以，需要 2 个番茄，就写个数字 2 或者画 2 个圈。不过需要注意的是，这里的数字要和之前优先级的数字区分，可以用不同的颜色或者不同的字体；如果是用软件来画，因为同一个分支上面，同一个图标只能插入一个，所以画几个圈是不行的，只能用数字来标明。那就需要将之前用来区分优先级的数字用别的图标进行替换，可以用不同颜色的旗帜来代替，也可以用别的图标来表示，能区分开优先级即可，接着再用数字直接说明预估需要几个番茄。

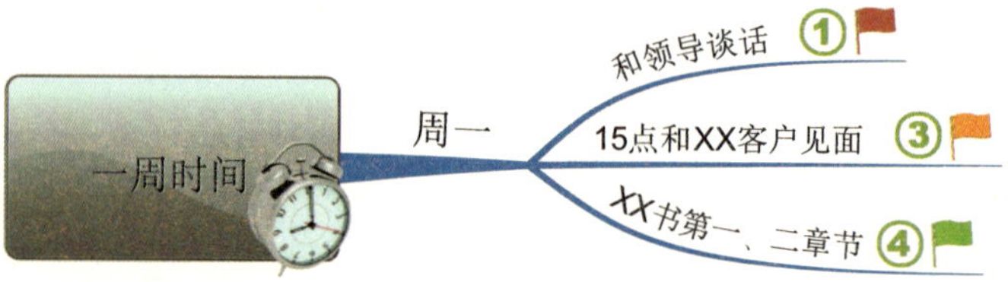

评估结果

周一需要和领导谈话，优先级是最高的，预估是半小时，1 个番茄就够了；第二优先级的是和客户见面，预估是 1 个小时，2 个番茄就差不多了，但这过程中如果谈得比较好，会有超时的情况，所以再加上 1 个番茄，总共需要 3 个番茄；最后一个写书，总共 2 章节，差不多需要 2 个小时，所以是 4 个番茄。

做好了准备，接着就可以开始执行了，先执行优先级最高的。开始执行前，请把各类邮件、QQ、微信等消息提醒全部关闭，先从环境上减少一部分的打扰。

在执行的过程中会遇到一些问题。第一种情况是这个任务在 25 分钟之内就做完了。本来觉得和领导谈话需要一个番茄，大约 30 分钟，但现在只谈了不到 15 分钟就结束了，除了休息的 5 分钟，还有 10 分钟，这 10 分钟干什么？是不是可以拿来做另一个任务？这是不可以的。需要强调一下，番茄工作法是在 25 分钟之内，只能做一个任务，不能同时做多个任务。如果 25 分钟内提前完成了，可以用剩下的时间来回顾一下，看看已完成的任务有没有需要修改或完善的地方。

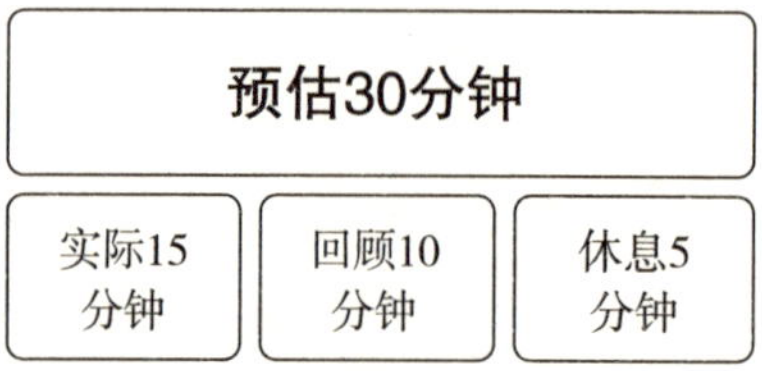

提前完成

回顾总结的这些都可以画到思维导图上。和领导谈完话，可以简单做个笔记，针对领导提出的问题想一想解决方案，或者是自己后续工作需要注意的事项。

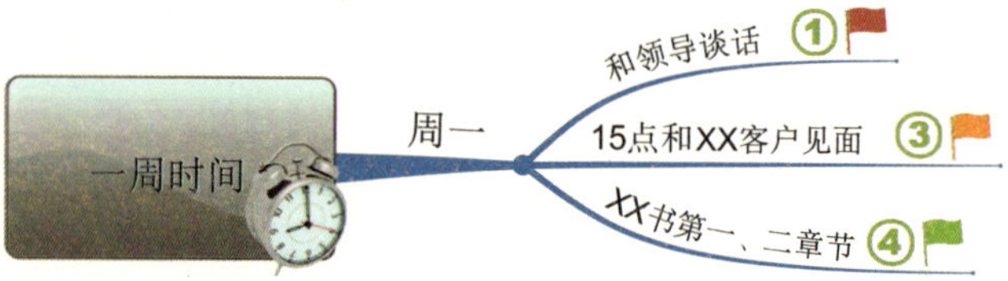

添加执行结果

这样做有人会觉得浪费时间，不应该把所有的时间都利用好吗？这样做的目的是形成条件反射，只要番茄钟开始，注意力就可以集中，一直到 25 分钟。如果经常变动，这个条件反射就不好培养。没有那么多需要 25 分钟的任务，可以把同类型的任务放到一个番茄里执行。像处理邮件，之前是收到一个就马上回复一个，现在可以集中在一起，启动一个番茄，在这一个番茄之内全部是用来处理邮件的，这样效率会高一些。

第二种情况是在执行过程，因为自己的原因引起了中断。自己注意力不集中，做这件事的过程中，突然想起另一件事，这种情况下怎么操作？

要先看看想起的这件事情是不是 2 分钟之内能做完，如果可以，那可以停下当前的事，去做想起的事，做完后马上回过头来继续刚才的事。比如正在写书的过程中，突然想起来需要给客户打个电话，确认一下昨天发的合同是否收到。打电话是在 2 分钟之内能做完的，那就直接拿起电话确认一下吧，打完了再回过头来继续写书。如果想起的事是 2 分钟之内做不完的，就需要先把这件事记录下来，等做完当前的事后再去做。

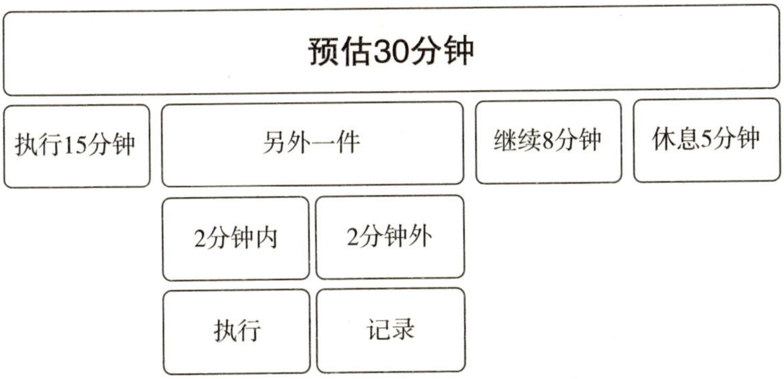

内部中断

2 分钟内的任务不需要在思维导图上画出，因为已经完成了；2 分钟外的需要记录的任务可以先在思维导图上简单画出，等完成当前任务后再细化它的优先级、截止时间等具体内容。

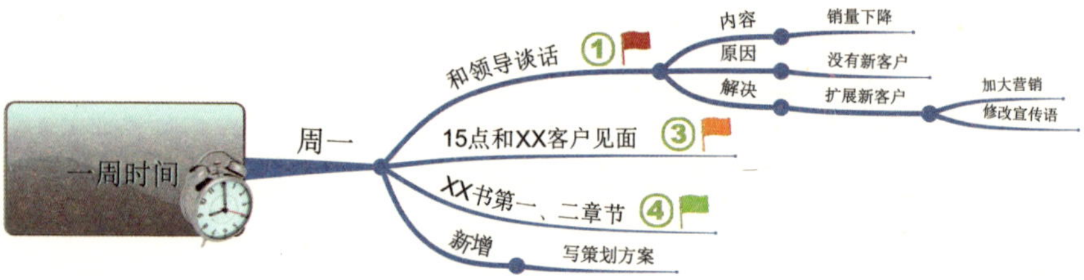

记录新增任务

除了自己的原因引起了中断，还有另一种情况是外部的原因，比如在工作中，正在忙一个任务的时候，经常会有领导或者同事来打断你，要么是布置新任务，要么是问一些事情，这种情况下又该如何保持注意力？

这种情况还是先用 2 分钟原则来判断一下，2 分钟之内能做完的，就先去做，这样可以减少中断的情况。正在忙一件事的过程中，同事来问你要一份资料，本来 2 分钟之内直接发给他就完事了，你却让他过会儿再说。过了一会儿，你的事还没做完，他就会又来打扰你。这样中断打扰你的次数反而增多了，还不如直接发给他，他也不会再次来打断你。

2 分钟内做不完的，需要先来判断优先级。根据上一节说的判断优先级的方法来看，优先级比较高的，只能是放下当前的事，先去做新增的事，优先级低的可以先记录下来，后续再去做。为什么刚才自己想起的事不需要判断优先级，因为自己想起来的大部分事都不是那么急的，而外部新增的有些事优先级是比正在做的事高的。

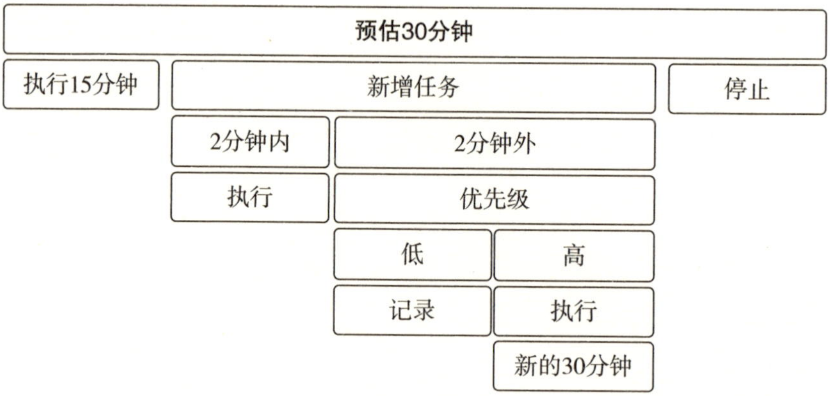

外部中断

现在正在和客户见面会谈，突然同事来找你，说上一个客户的合同中价格出现了问题，如果现在不处理，客户就不会签合同，公司会遭受一些损失，而且金额不小。遇到这种情况，只能先和当前的客户说明有急事要处理，先让同事代替自己接待一下，自己先去处理合同的事。可以重新启动一个番茄，集中注意力，让自己在 25 分钟内处理完。

同样地，2 分钟内的不需要在思维导图上画出来。2 分钟外的，优先级不高的先记录到新增下面；优先级高的，要先在当前正在做的事上用个符号标出来，标明没有完成的，比如现在和客户见面是没有完成的，打个叉。同时把当前的进展情况说明一下，这样回过头来可以快速接上，而不需要花时间去想刚才做到哪一步了。现在和客户已经谈到新产品的功能了，接着需要进一步确认客户需求。然后才是细化优先级高的任务，弄明白准备怎么确认合同价格是不是出错了，细化后再重新开始一个番茄钟去执行。

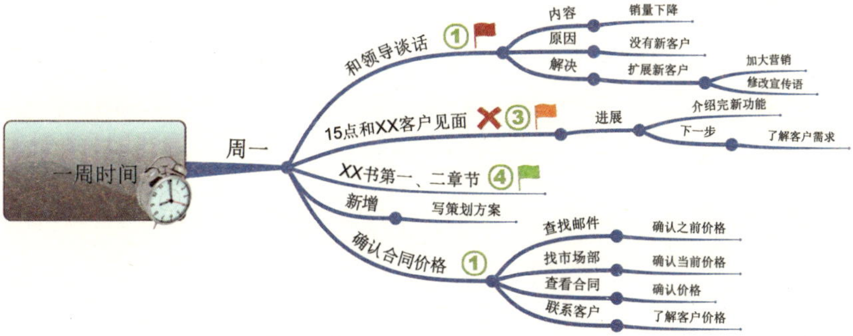

执行新增任务

这是一个完整的番茄工作法的执行过程，为了更好地使用番茄工作法，让自己的注意力更集中，需要每天对执行情况进行回顾总结。看看自己一开始预估的番茄数量和实际用的是否一致，多总结几次，下次再遇到同类型的任务，预估的数量就会越来越准确，更方便时间的安排。还需要总结产生中断的原因，是自己的原因多，还是外部的原因多。自己的原因多，说明收集任务还不够全面，需要再全面一些；外部的原因多，需要给自己的时间安排多一些缓冲时间，不要安排得太满，留出时间来做这些新增的任务。这些回顾总结的过程，同样可以在思维导图上标出。

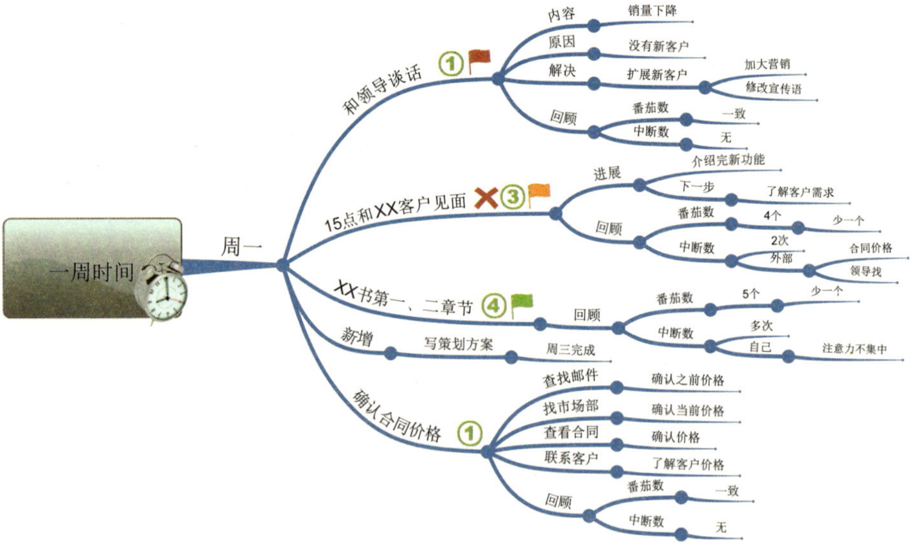

回顾总结

这就是关于提高注意力、高效工作的方法。明确了要做的事，知道了高效的方法，不如就去试试吧。

本节练习：

1. 拿出一本书，用手机自带的时钟开始计时，记录专心读书的时间，直到中断，计时停止。

2. 选择一个任务，开启番茄工作法，参照下方模板来记录下执行情况。

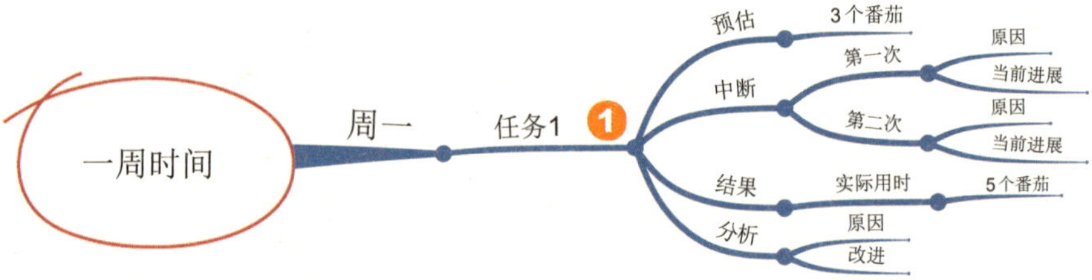

本节导图：

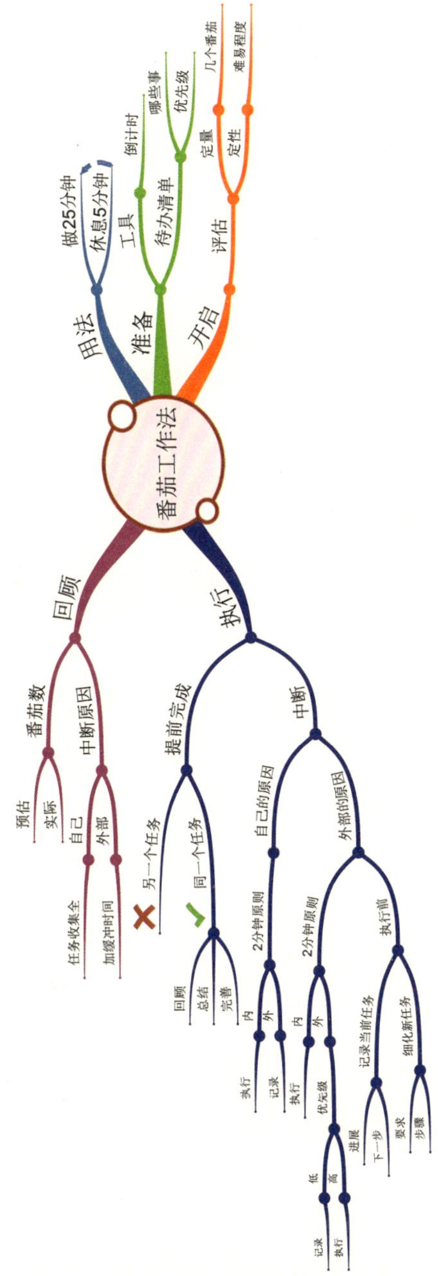
番茄工作法
用法
做25分钟
休息5分钟
准备
工具
倒计时
待办清单
哪些事
优先级
开启
评估
定量
几个番茄
定性
难易程度
回顾
番茄数
预估
实际
中断原因
自己
任务收集全
外部
加缓冲时间
执行
提前完成
另一个任务
同一个任务
回顾
总结
完善
中断
自己的原因
2分钟原则
内
执行
外
记录
外部的原因
2分钟原则
内
执行
外
优先级
低
记录
高
执行
执行前
记录当前任务
进展
下一步
细化新任务
要求
步骤

开始行动——如何用思维导图解决拖延

有了目标，也安排好了时间，最怕的就是拖着不去做，这样是没有什么结果的。引起拖延的原因有很多，我们选其中一些重要的来说。

第一个重要原因是这件事情对你来说不重要，能不能按时完成无所谓，做得好坏也无所谓。像前面章节说的升职加薪的目标，能不能实现无所谓，就不会积极地去实现它了。如果今年买房了，房贷很高，需要通过涨工资来还贷款，那今年必须实现加薪，才会引起重视，积极地去实现这个目标。

第二个原因是追求完美。很多人遇到事情都想着等我准备好了再去做。像画思维导图，很多人一开始就是想着把中心主题画得好看才行，画个中心主题就用两个多小时，其他的就没有时间去仔细画。应该先去做，简单地画一画，做完了还有时间想想怎么把它美化一下。

第三个原因是做这件事情对你来说有点困难，完全没有信心做好。有了这样的想法，也不会早早地去做。比如换工作，很多人总说自己想换工作，可一直没有行动。因为总觉得自己经验不足，学历不够，害怕去面试人家不要自己，所以一直不去找工作。

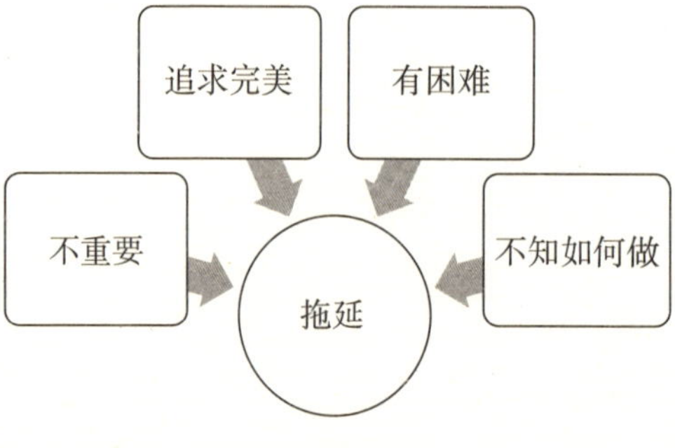

引起拖延的原因

第四个原因是不知道如何下手。明知道要做这件事，可是不知道如何做，应该先做什么，后做什么。因为不知道怎么做，也就不愿意去做了。

这是四个常见的原因，接下来我们通过画一张思维导图来解决这四个问题。

现在领导让你写一份项目报告，拿到这个任务后，大多数人不想马上去执行，而是想着先放一放，过一会儿再做。有了这种想法的时候，就来画一张思维导图，然后再看你还会不会拖延。

首先画一个分支，分支上的关键词是“失败”，明确这件事不按时完成对你的影响。没有按时完成，领导肯定会批评你，因为你影响了他后面的决策。这样会让领导觉得你没有责任心，最终会影响你后续的升职加薪。明确了对自己的影响，可以让自己对这件事重视起来，只有重视了，才会想去做它。

明确重要性

接着再画一个分支，明确它的质量要求是什么。明确质量要求，是为了减少追求完美。这个项目报告是给领导看的，领导已经对这个项目有一定的了解，所以不需要你写一些项目背景之类的内容，领导只关心现在项目的进度有没有延后，有没有遇到一些重要的问题。报告中把这些详细说明就可以了。明确了质量要求，这个任务看起来就简单了，这样也能减少一些拖延。

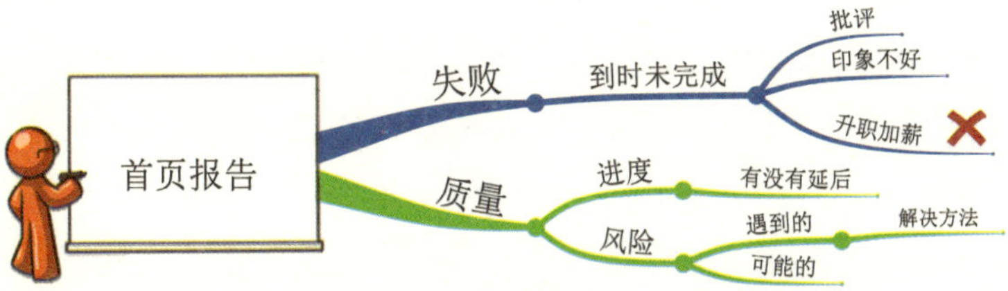

明确质量要求

接着再画一个分支，分析一下自己现在已经有哪些东西，自己做这个任务的优势是什么，增强自信。现在自己对项目非常了解，因为每天都在跟踪这些项目；

自己对项目成员也比较熟悉，所以弄个项目进度对自己来说没有什么难度，不需要担心自己做不好。

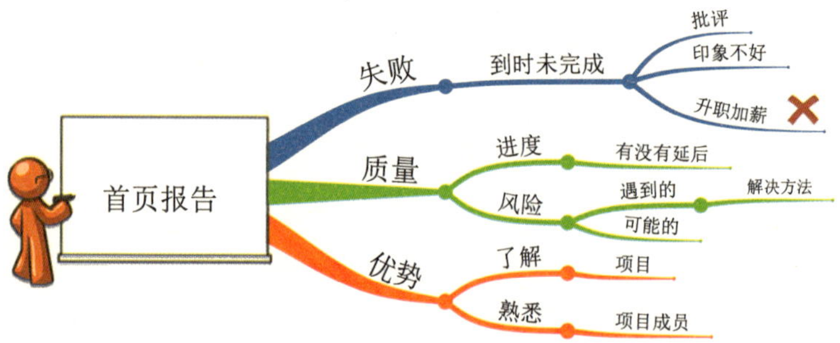

增强自信

最后再画一个分支，明确一下该怎么做，具体步骤是什么。要完成项目报告需要以下几个步骤：第一步，查找所有和项目相关的邮件，汇总邮件里提到的进度情况；第二步，和每个项目成员确认他们现在的进度；第三步，结合邮件和人员的项目进度，完成汇总；第四步，汇总完成后检查一下，发邮件。看到这四个具体的步骤，也就知道如何操作了。

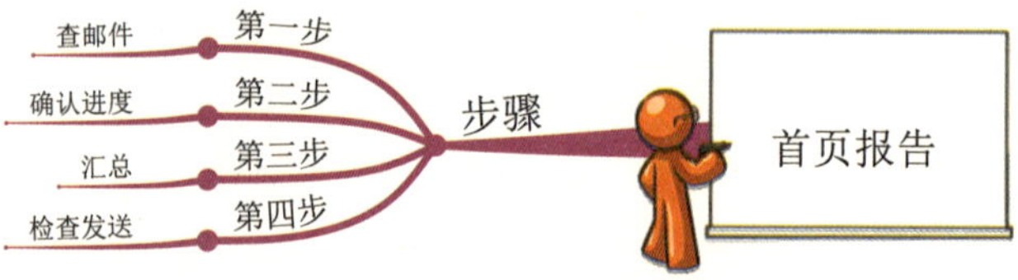

明确步骤

还可以再画个分支明确一下时间。有时候拖延是因为我们觉得还有时间，晚点做也行。刚才明确了步骤，那就可以采用倒推的方式来明确一下各个步骤的最晚完成时间，不要只知道整个任务的最终截止时间。整个项目报告要求明天下班前完成，一共是四个步骤，那至少每半天就要完成一个步骤。第一步邮件汇总要在今天上午完成，第二步和人员确定要在今天下午下班前完成，第三步汇总要在明天上午完成，第四步检查发邮件要在明天下午下班前完成。

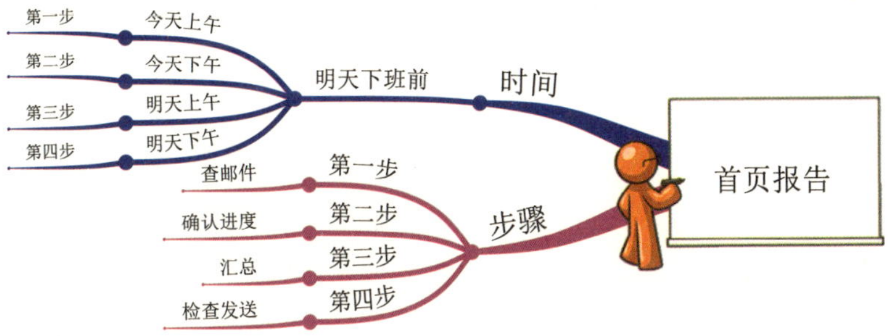

明确时间节点

每个步骤有了具体的时间节点，就可以督促自己在今天完成两个步骤，保证明天完成任务，从而避免拖延。

再从整体看一下，面对这样一件事，还有什么借口拖延呢？

拖延无借口

本节练习：

1. 选择一件自己一直拖延的事，按下方模板进行拆解：

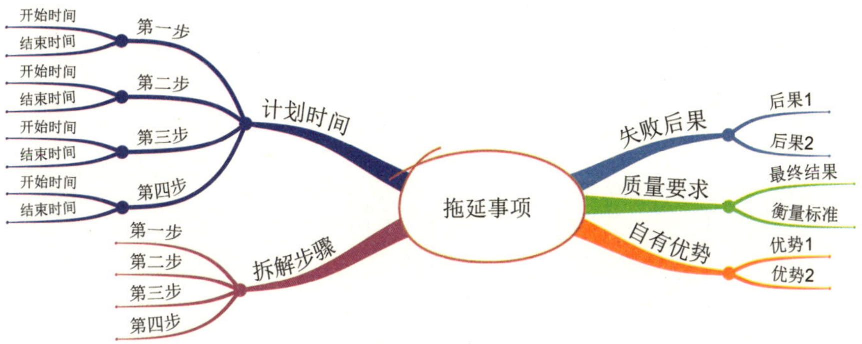

本节导图：

解决拖延
引起重视
不重视
解决
最坏情况
最少5个
越多越好
知足
不太好的
不想改变
打破现有舒适区
明确质量
追求完美
解决
明确质量要求
明确步骤
不知如何下手
解决
拆解
增强自信
没有自信
解决
列出
优势
机会
害怕做不好
失去好的时机

减少混乱——如何用思维导图整理工作流程

工作中经常会遇到复杂的、困难的、需要多人配合才能完成的工作。因为参与的人比较多，各做各的，流程会显得很混乱，效率也不高。所以需要对复杂的工作进行拆解，降低难度，让每个人都明确目标，明确整体的工作流程，从而减少混乱，也能知道自己该做什么，从而保证按时按量地完成。具体如何做，同样可以用思维导图来进行。

现在需要你来组织一次公司新产品的发布会，让更多的客户了解新产品，形成购买意向。这个工作自己一个人完成不了，需要多部门、多工种的配合。因为参与的人比较多，首先需要大家形成一个共同的目标。所以，单独画出一个分支，明确最终目标。目标明确了，大家的努力方向才能一致。

新品发布会的要求是完成新产品的宣传，但不可能是开个会随便说一下就可以的，怎样才称得上宣传到位？至少有 20 家媒体发新闻通稿，现场至少能来 10 家媒体拍照、采访。达到这些，才能说这个发布会的宣传是到位的。发布新产品还有一个重要的目的是要形成一定的交易，要求比上一个季度提升 10% 的成交额，那需要在现场形成一定的购买意向，并且完成一些交易。这些都达到，才能说这个工作已经完成。

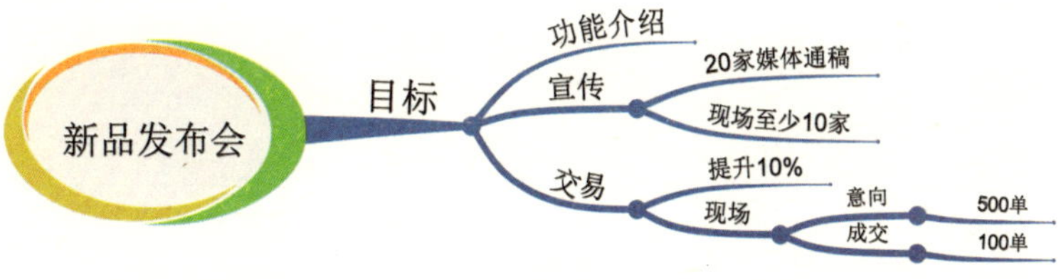

明确目标

明确了目标，后续的工作内容，都需要围绕这个目标来展开。为了达到这个目标，需要做哪些事情？不同的内容可以用不同的分支画出来。

要完成新品发布会，需要做哪些方面的工作？有会场布置、宣传资料的印刷发放，以及现场的主持。还有一些外场的引导、内场的引导等，能够让客户快速找到对应的区域就座；一些后勤保障工作，比如保证饮料供应等。把所有想到要做的事先进行一个大体的分类，厘清思路，就不会混乱。这时候可以组织一次会议，让相关人员坐到一起来进行头脑风暴，看看是哪块没考虑清楚，一定要把这块想清楚。

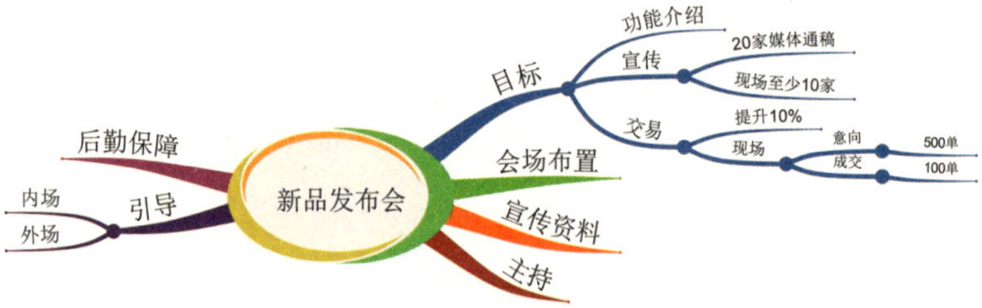

工作内容

完成了大的工作内容，接着需要针对每个具体内容来进行梳理。这里就要用到 5W1H 思维模式，按时间、地点、人物等几个方面来进行梳理，细化工作内容。比如完成会场布置，首先要明确负责人是谁，至于团队里有哪些人，就不需要列出来了。因为如果出了问题，只要找这个负责人就可以了，所以最好把联系方式也写一下，到时候会场比较混乱，不太容易找人时可以直接打电话。

明确负责人

接下来是时间点，每一个工作内容肯定都有一个截止时间点，即最晚什么时候完成。把每个任务的截止时间点都列出来，减少对整体进展的影响。

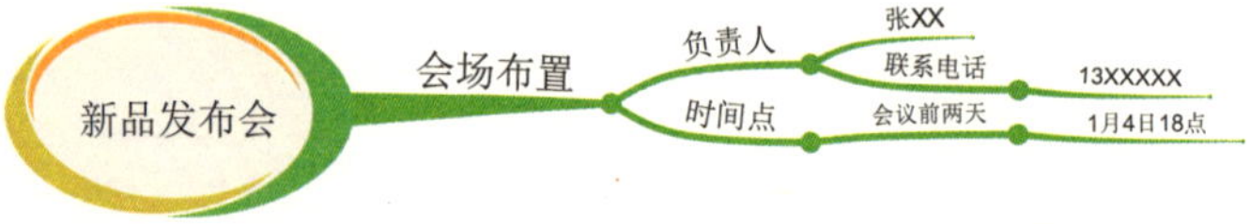

明确截止时间

还要明确具体的内容。完成会场布置，舞台需要准备哪些，VIP 区又需要准备哪些，把这些都列出来。这其实又是一个分类的过程。

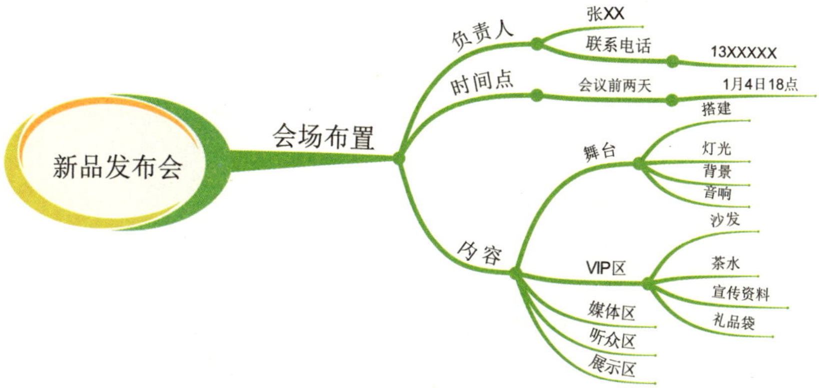

明确具体内容

最后还有一个质量要求，也就是这个工作完成的质量标准是什么。会场布置为了宣传，就需要在风格上和公司统一，不能太杂乱；而且一定要把展示的产品放在最重要的位置，让所有参会人员都能看到新品。

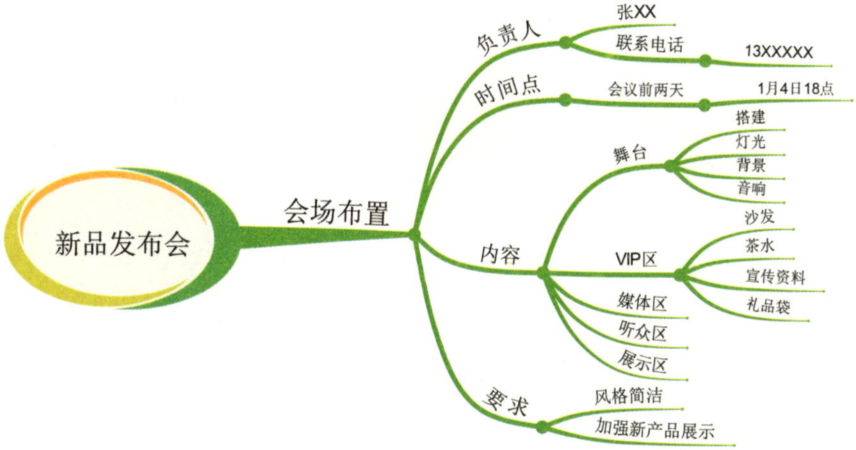

明确质量要求

其他的工作内容也要像这样进行梳理。梳理完成后，再来整体看看有没有需要调整完善的地方。全部完成后，可以把思维导图打印出来，人手一张，这样大家都可以看到整体的安排，也能明确自己要做的事，遇到问题也知道该找谁，这样的工作流程就会更加清晰一些，效率也会更高一些。

本节练习：

选择一个需要多人配合完成的工作项目，参考下方模板进行梳理。

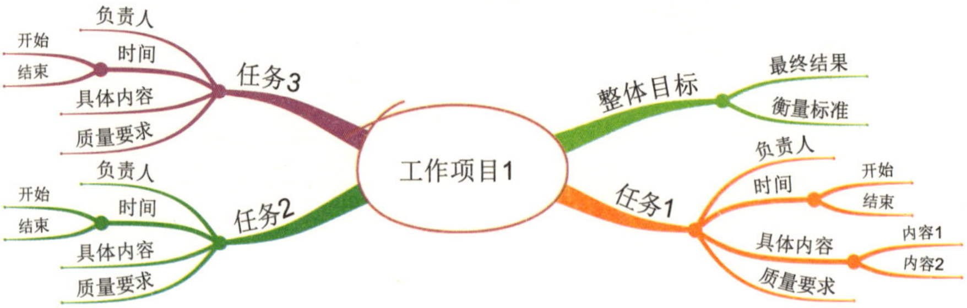

本节导图：

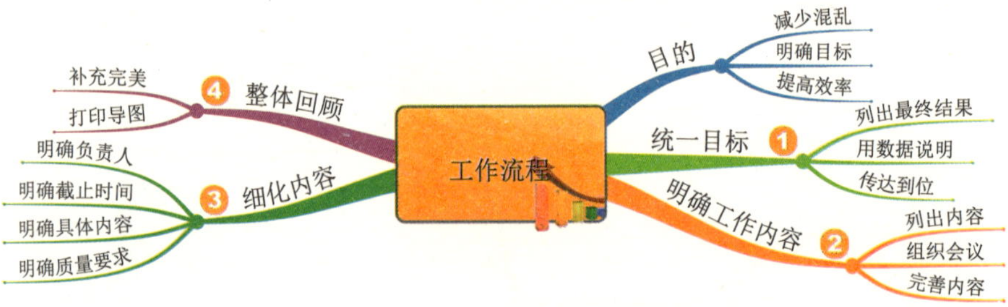

第三章

突破固有思维，做最优秀的灵感捕手

创新思考——如何用思维导图开启创新思考

说到创新，很多人觉得做企业策划、广告策划等才需要创新，其实不是这样的。任何一件小的事情，只要你能想到而别人想不到，你就比别人更有竞争力。同样一个问题，别人想到的只是一些很普通、很常见的解决方法，而你却能提出一种全新的方法，这样就会显得与众不同。所以，不要仅限于当前的固有思维，要打破常规，多一些创新思考。

一种创新思考是通过之前的一些想法而联想出新的、独特的想法。另一种是通过对之前常见的事物、概念等重新组合、提炼、概括，用新的方式重新讲解出来。

比如之前早上起床一般是用闹钟来叫醒自己，可是经常会睡着了听不到闹钟响。那可不可以换个思路，从听觉转换成触觉，换成手环之类的，到点了手环会震动，这样更有效。这就是从之前常见的做法联想出新的，这也叫创新。

还有现在经常会冒出一些新的概念，了解了以后就会发现自己之前就知道这些，而且经历过，只不过没有总结提炼出来。比如现在的一些高效学习方法，要预习、提问、总结等，这些其实我们在上学的时候都经历过，只不过没有将它概念化、系统化。现在将它概念化，起个名字，在任何的学习过程中都可以直接套用，这也是创新。

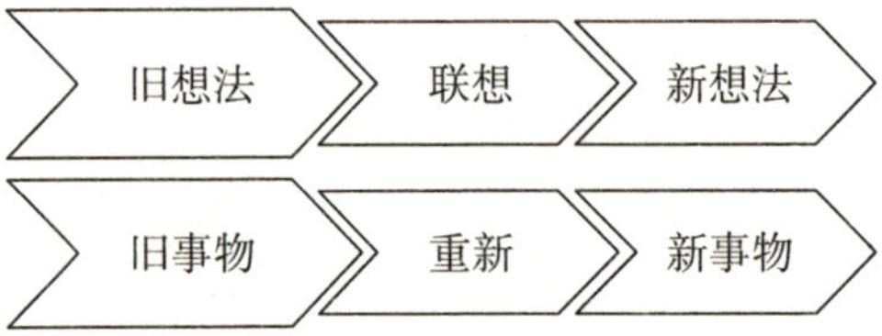

创新思考概念

你的创新思维如何？先来测试一下。想象一下苹果能用来做什么？请合上书，先把能想到的列出来，看看你能列出多少。

创新思考

之前做过测试，大部分人列出的都和吃的有关，各种吃法都有。这些还是停留在常见的思维里，我们并没有限定苹果只能吃。其实苹果除了吃还有很多用处，甚至扔出去完全可以当“武器”，再夸张一些，可以放在衣服上作装饰。这些并不是不可以，能想到这些其实也是创新。

如何开发自己的创新思维，需要在日常生活中多培养 5 种能力。

第 1 种是觉察力。能够从很普通、很常见的事物中发现一些不同寻常的点，从而激发更多的想法。比如苹果横着切开就会发现有个五角星的形状，一般人很少注意。

第 2 种是流畅力。就是思考的过程保持连续性，从而能够产生更多的联想，从一个想法想到另一个想法，这样延续下去，而不是刚开个头就想不下去了。大部分人一说苹果就是从吃的开始想，想到各种吃法，到最后就想不出来，不流畅了。

第 3 种是变通力。想法不能持续下去了，那就换一个角度，换一个想法。对你的想法进行整理，从不同分类、不同角度再来想想。比如换个角度，从苹果的外形上再想想，这个形状可以用来做什么？

第 4 种是独创力。新的想法能够有一定的独特性，不要和之前的或别人的重复。都说模仿是最好的学习，有人说苹果可以用来做衣服上的装饰，你也这样说就没特点了，可以按这个思路来想想其他地方的装饰，比如房间里，这也算是自己的独特点。

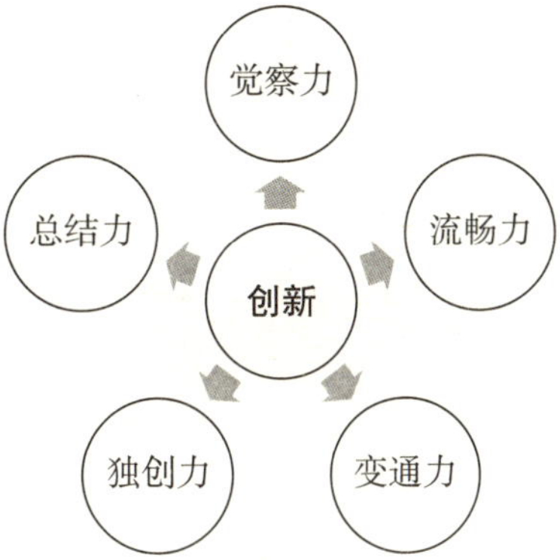

创新的 5 种能力

第 5 种是总结力。刚才说的创新一方面是在已有的基础上增加新的观念，得出这些就需要总结能力。能够把这些想法，通过概括，给出定义，让它更加形象，更加明确地表达出来也是创新。苹果可以用来作装饰，讲给别人听，别人会不理解，总结讲解是通过原生态的苹果外形、颜色来突出空间感，再推出“苹果原生态”的概念，这样别人也好理解一些，而且可能会觉得“高大上”。

这么多创新需要的能力，全都可以在思维导图上体现出来。

首先从结构上来看，思维导图是用一张图概括全部想法的。把你现有的全部想法摆到一起，才能从整体上来思考，更全面地观察，从而发现遗漏的地方和现有的一些问题。这就是所需的觉察力。接着，思维导图上的文字全都是只写关键词的，而不是一整句话，这样更容易提取和总结它的特点，从而形成一些新的概念，培养自己的总结能力。还有思维导图的图像比较多，而图像更容易激发联想，可以让你一直想下去，保持流畅性。而思维导图不同分支的形式，则是在引导通过不同分类、不同角度来进行思考，一个分支想不下去了，那就换一个分支来想想，也就是换个角度，这是变通力。从整体思考，从不同角度思考，用图像激发更多的联想，用关键词来提炼总结，最终形成的结果也是自己特有的，这是独创力。

了解了思维导图和创新思维的关系，接下来看一下用思维导图激发创新的五个步骤。

第一步先拿出一张纸，在这张纸上先发散自己当前能想到的所有想法，时间限定在 20 分钟内。灵感有时候是一闪而过的，限定一个时间，才能让大脑活跃起来，也能从整体上了解想法。根据刚才说的创新思维，再重新对苹果发散一下，除了吃，还有其他的什么用途，先都列出来。除了吃，还可以给小孩当玩具；可以画画时当个模型；因为本身有香味，多放点在房间里也可以当香水。

接着第二步是对第一步画出的导图进行重构修正。重新画一张思维导图，这次画的时候需要分出主干，也就是需要分门别类，把刚才所有的想法写到对应的分支下。把刚才的想法进行整理，主要有吃的方面；有根据外形来的，也就是视觉方面；还有嗅觉和触觉方面的。有了分类，接着分别对每个分支继续联想，看看还能想到哪些想法。

发散思维

重构修正

完成第二步后，第三步要休息一下。为什么要休息？你有没有这样的经历，有时候越想越想不出来，如果不想了，去做一下别的事情，等回过头后，就会有新的想法了。为了有更多的想法，激发更多的灵感，中间必须有一定的休息时刻。

休息完回来第四步是再次重构修改。再次对你刚才的想法进行补充和完善，还有新的想法就继续加上。关于苹果想了这么多，现在回过头来再看，还会发现有遗漏的，那就再补充上去。视觉、嗅觉、触觉都有了，那可不可以有听觉，苹果敲打起来是有声音的，那是不是可以当成乐器？现在有水果乐队，就是用各种蔬菜水果来演奏，所以苹果可以用来当乐器。

再次重构修正

最后第五步就是形成结果了，这么多想法里，哪个是最好的，哪个是现在最有用的，做一下选择，得出结论。关于苹果的想法这么多，哪些是自己与众不同的想法，标明一下。如果仍不满意结果，可以从第一步开始再次循环，直到最终结果让自己满意。

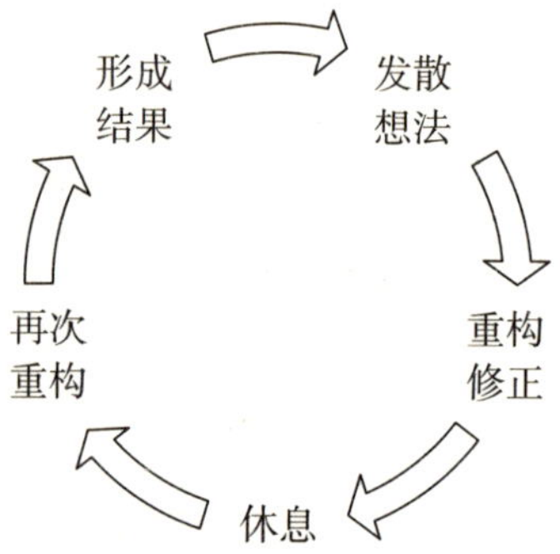

激发创新的步骤

了解创新和创新需要的能力与步骤，接着就要实际应用了，可以先从简单的入手。

本节练习：

1. 除了本节中介绍的苹果用途，你还能想到哪些用途？

（1）

（2）

（3）

2. 把能想到罗列完后，再来手绘完成一张思维导图，看看还能想到哪些创新点。

本节导图：

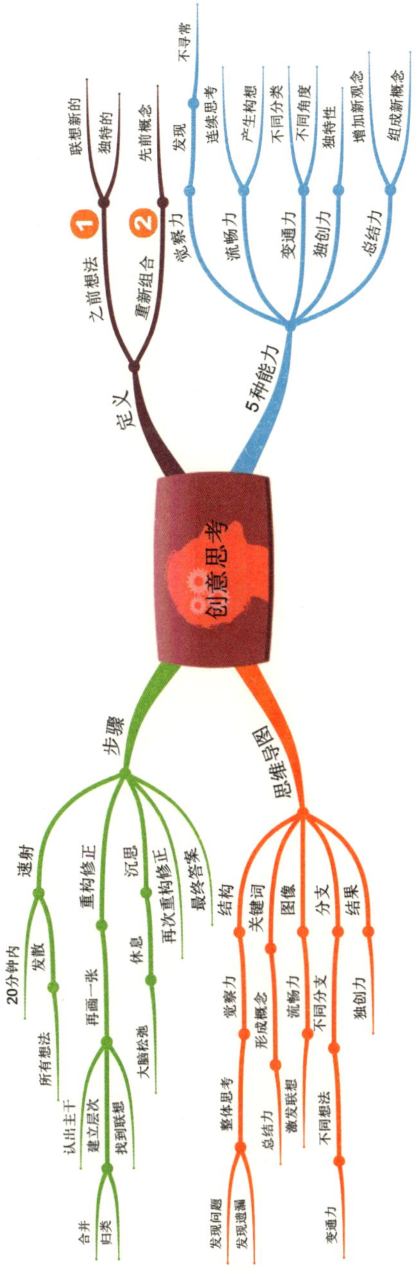
创意思考
定义
之前想法
联想新的
独特的
重新组合
先前概念
5种能力
觉察力
发现
不寻常
流畅力
连续思考
产生构想
变通力
不同分类
不同角度
独创力
独特性
总结力
增加新观念
组成新概念
步骤
速射
20分钟内
发散
所有想法
重构修正
再画一张
认出主干
建立层次
找到联想
合并
归类
沉思
休息
大脑松弛
再次重构修正
最终答案
思维导图
结构
觉察力
整体思考
发现问题
发现遗漏
关键词
形成概念
总结力
激发联想
图像
流畅力
分支
不同分支
不同想法
变通力
结果
独创力

创意广告——如何用思维导图写出经典广告语

说到广告，你脑海里第一个想到的是什么？“不是所有牛奶都叫特仑苏”“小米，为发烧而生”，还有“今年过节不收礼，收礼只收脑白金”等。这些都是很经典的广告语，一句话就说出自己的特点，引起人们的注意。

如果我们从事的不是广告方面的工作，是不是就不需要这些了？其实不是，上节说到好的创新思维能够提高你的竞争力，而现代社会已经进入品牌竞争阶段，不只是产品与产品之间，还包括个人和个人之间。有好的个人品牌，突出特点，引人注意，你的竞争力会更强。现在，让你用一句话来概括自己的能力、特点等，还要让人印象深刻，你会怎么说？这其实就是一句广告语。

这些广告语是怎么来的，如何能成为经典，本节我们就用思维导图的形式来尝试一下。

以我的公众号“蚂蚁说成长”为例。这个公众号主要是围绕个人成长进行的，包含每日文章、直播课程和书籍等。要想在竞争中突出自己的特点，这就需要有好的广告语。现有的广告语经历了好几个版本，一开始是“每天 3 分钟，实现全面成长”，后来改成“学习别人的成长经验，实现自己的快速成长”，再后来改成“学习成长经验，提高职场竞争力”，最后确定为“不讲大道理，只讲实用方法和技巧”。这几个版本的广告语各有特点，但还不是最好的，接下来我们一起来想想有没有更好的广告语，请拿出纸和笔一起来画一画。

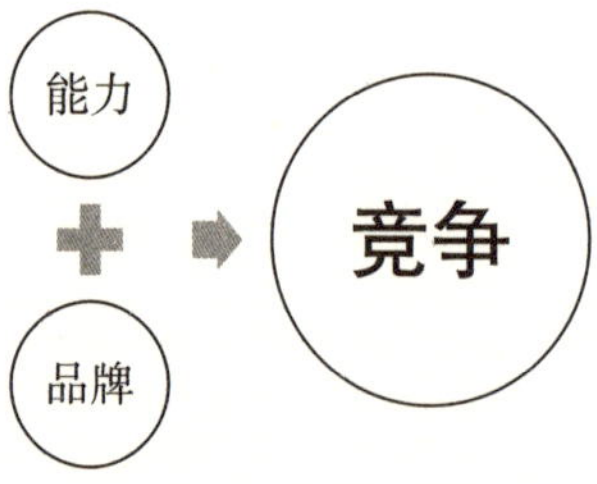

好的个人品牌

中心主题就是你要宣传的具体事物，可以放张图片或者直接写上名字。接着要想一些广告语，先要知道它的一些来源、背景和特点等，知道这些才能有针对性地想。所以，先画出一个分支，了解你要宣传的事物，了解它的背景、内容、人员构成等。

“蚂蚁说成长”是2016年成立的。目标是想影响更多的人改变现状，实现成长。目标人群是在职人员。内容包含时间管理、目标管理、思维导图、知识管理和懒人理财，形式有文字、视频、音频，全平台发布。已出版的书籍有《好好工作：个人效能管理精进指南》《自控力：21天打败拖延》。人员结构目前只有两人，负责整个平台的所有事务。

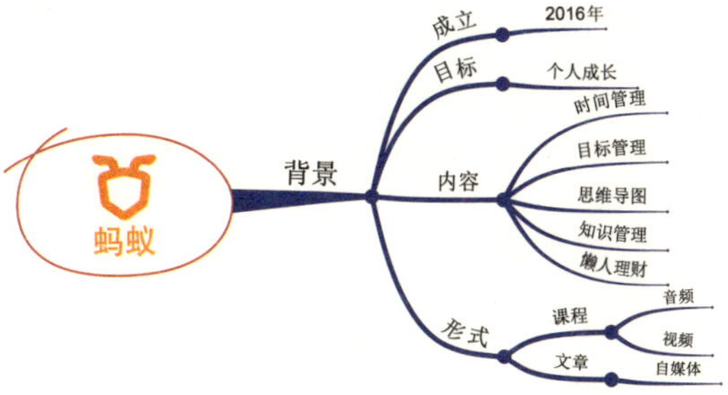

了解背景

知道了这些才能有针对性地想。接着可以根据背景提炼一下它的特点以及与同类型平台不同的地方。知道了不同和特点，广告语才能更有概括性。比如“不是所有牛奶都叫特仑苏”，就是针对特仑苏与其他牛奶加工程序不同的背景想出来的，突出了自己的与众不同。

现在平台内容比较全面，所以全面是它的一个特点，不像别的平台，只讲时间管理，你要学别的，就要换个平台。另外，平台的形式也全，音频、视频、文字，可以根据自己喜欢的方式和时间来选择。

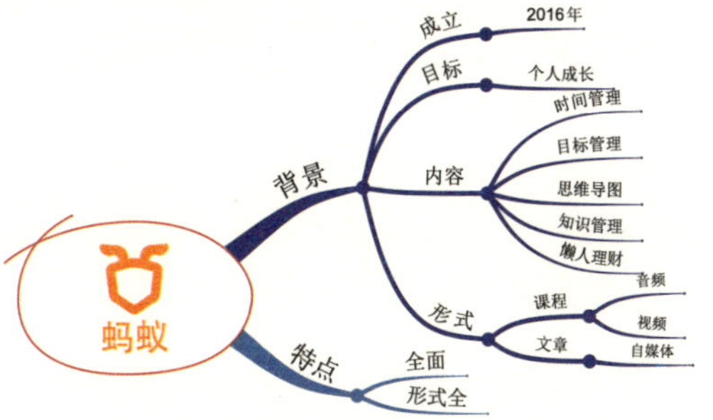

提炼特点

为了使宣传更有效果，我们还可以分析一下目标用户现在的需求有哪些。不同人群关注的点是不同的，学生关注较多的是理论，而职场人士关注较多的是应用。针对不同的人来突出不同的特点，广告语也会不同。比如前面说的“小米，为发烧而生”，这个针对的就是对技术、性能要求高的人群。

现在“蚂蚁说成长”这个平台的主要目标人群是职场人士，那他们对学习上的要求有哪些？首先是时间上面，因为已经工作了，没有很多时间来学习，所以时间上面要求尽量用最短的时间去学习更多的东西。其次是所学的内容，学了最好就能用上，所以不想听一些道理，只想知道实用的方法和技巧，比较关注实用性。再次是价格，用户肯定希望花最少的钱得到最多的东西。最后是结果，学了这些能给我带来什么，这也是用户最关注的。把这些也列出来，可以对照你想出来的口号，看能不能满足这些要求，能满足是最好的。

用户需求

知道了这些，接下来就可以开始想广告语了，重新拿出一张纸来画一下，完全凭灵感，想到一个就列一个。针对刚才的背景和需求，想到“每天 3 分钟，实现全面成长”“花最少的钱，学最全面的经验”“史上最全面的个人成长”“学习成长经验，提高职场竞争力”等，不管想到什么，都先画出来。

捕捉灵感

列出来后可以分别看看这些广告语都突出了哪些特点，满足了用户的哪些需求。比如特点是内容比较全面，“每天 3 分钟，实现全面成长”“花最少的钱，学最全面的经验”“史上最全面的个人成长”这三个都有所体现。还可以继续按用户需求时间、价格、结果再来细分一下，满足哪个就放到哪个分类里。

归类整理

分好类后我们会发现，没有突出形式比较全面这个特点的广告语，那可以再列一个，针对形式再想想有没有好的广告语，这也是能激发想象的过程。因为形式比较全面，所以什么时候、什么地点都可以学，那就写个“随时随地学习”之类的。

激发想象

完成后再根据每个分类想一想，看有没有更好的口号。比如关于价格，可以进行对比，一杯咖啡的价格就能学一门课，这样对比更直观一些，所以可以新增一个“一杯咖啡的价格学一门课”。其他也一样，尽量再多联想出一些新的广告语。

联想补充

想了半天想不出来了，那就休息一下，先去做别的事，等过半个小时或一个小时后再回过头来看，常常会有一些新的想法，再把新的想法也画上去。

到最后，想的已经够多了，能够把所有的特点都突出当然好，但一般能够突出一两个就已经不错了，所以看看能不能把不同分类下的口号相结合。比如“每天 3 分钟，提高职场竞争力”就是把时间和结果结合起来的。

最后可以自己比较来决定一个结果，也可以选择其中两三个，让大家投票选择，这样，一个好的创意广告语就完成了。

本节练习：

1. 参照下方模板，想一则广告语，如何用一句话介绍自己。

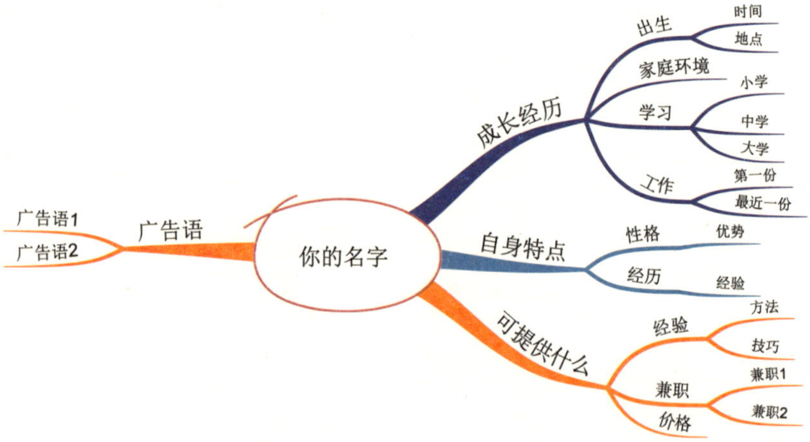

2. 尝试给自己公司的产品想一个广告语。

本节导图：

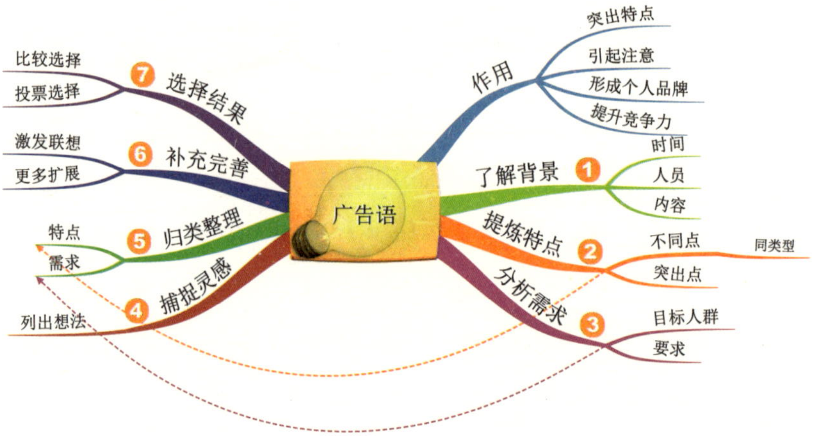

策划方案——如何用思维导图实现优秀策划

本节讲解的是关于营销策划类的创新思考过程。这里会用到前面介绍的三角对标的思维模式，通过对比三个方面得出结果，常见的是对比同行、自己和预期这三个方面。通过对比，得出差距，这个差距就是自己策划的方向。

现在实体店的生意不太好，人流量不如以前，所以需要你策划一个引流的活动方案，能够吸引更多的人到商场里，并且形成一定的购买量。

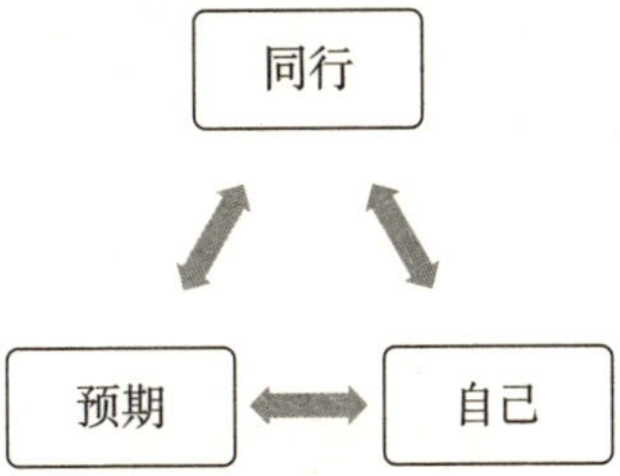

三角对标思维模式

要有一个好的策划，首先可以看看之前的一些活动，看看它们有哪些优点和缺点，好的地方我们可以借鉴，不好的地方就需要改进，所以先画出一个分支，来分析一下同行的活动。这个同行包含其他商场的活动，也包含本商场其他同事和自己之前做过的活动。

比如另一个商场之前搞过一个亲子游戏活动，影响度比较大，满足了家长陪伴孩子的要求，这是它的一个好处。缺点是因为场地有限，出于安全考虑，所以人数有限制，只能是报名的前 15 组参加，那没报上名的，也就不愿意去现场了。所以最终形成的交易量并不多，主要集中在玩具这块，其他方面如服装、餐饮等都没带起来。这是同行的一个活动，再来看一个商场之前开展的活动。自己商场之前开展过一个情人节活动，它的好处是没有场地限制，只要是一对情侣进商场就可参加，所以参与人数比较多。另外因为是情人节，要吃饭、看电影，还要买礼物，所以各方面的成交量也不错。缺点是日期固定，一年只有一次，不灵活。

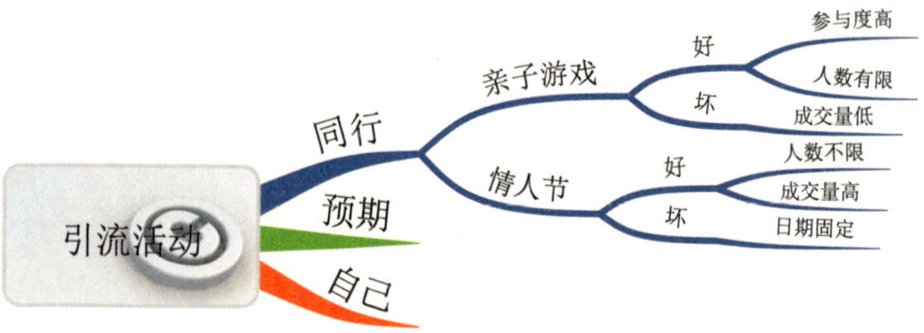

同行分析

这是同行活动的分析结果，接着再画一个分支，看一下消费者的需求是什么，也就是预期都有哪些。可以随机调查消费者对于商场活动的一些想法。有可能觉得商场活动的优惠不够直接，经常需要转发点赞才可以，还要满多少价格才能优惠等，比较麻烦，消费者想要的是没有套路的最直接的优惠。另外，现在人们都开始注重隐私了，所以要用手机号注册才能享受优惠，或者转发、点赞多少人才能优惠人们就不太愿意参加。还有觉得商场里开展的很多活动没有那种气氛，参与的人在上面忙，底下却没有多少人看，如果不是为了奖品，人们都不愿意参加。

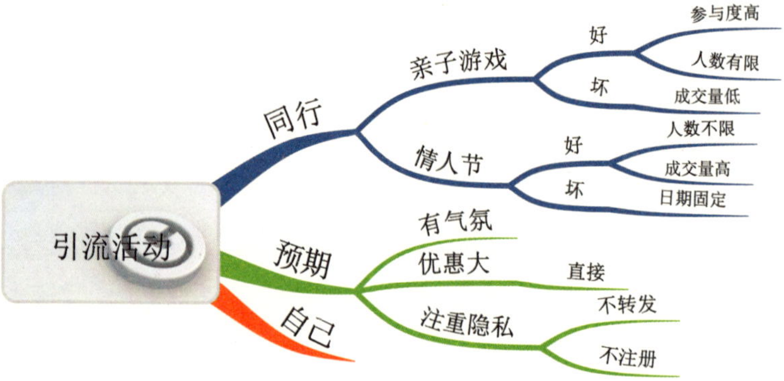

预期分析

同行和预期都分析完了，接下来再明确一下自己这边的要求。自己这边的要求一开始说的是要吸引更多的人来商场，参与的人要多一点，而且要有交易量，所以要全品类参与，优惠方式要多样。还要有一定的品牌效应，因此活动最好是长期的，不要一天就结束了。

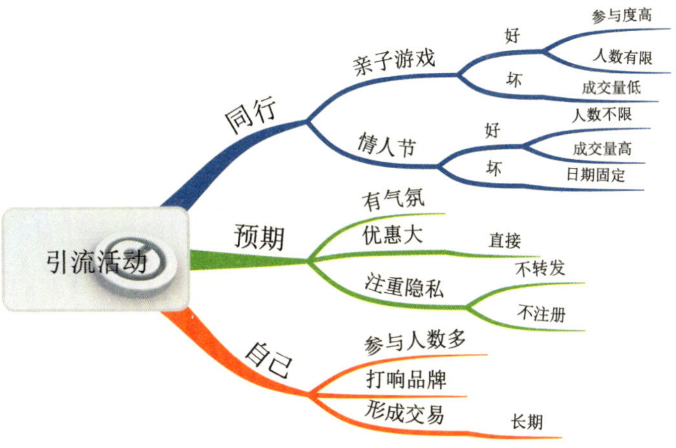

自己分析

这三方面都分析完了，可以比较一下这三块，得出差距。首先是时间上面，情人节之类的时间是固定的，只能举办一天的活动不是我们要的，我们要一个随时都能举办的活动，而且最好是一个系列活动。其次是参与的人数要多，亲子活动最好可以组队参加，还可以带自己的亲友团，这样就能形成一定的气氛。最后是优惠，要最直接的，还要长期的，所以可以用例如充 500 返 100 的形式，直接就能看到金额，而且存这么多钱不可能一下子就用完，需要持续不断地来商场消费才行。参与的品类也要全面，不只是小孩的，大人的服饰、餐饮等也要参加，不管谁来，都可以消费。

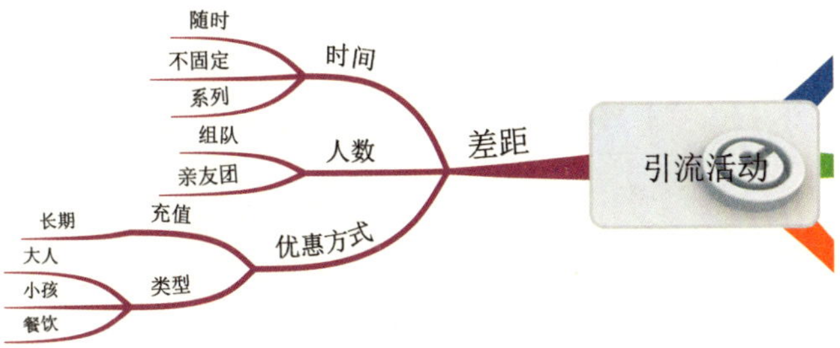

明确差距

得出了这些差距，就可以根据这些差距来策划一个方案了。想办法解决这些差距，就能形成一个好的策划。比如我们可以策划一个儿童才艺比赛的活动方案。要比赛，一天是比不完的，可以持续一个月，分为四周来进行，预赛、初赛、半决赛、决赛等。因为小孩的事，家长也是比较关注的，都想让自己的孩子有个展示的机会，展示的过程中，也喜欢发朋友圈，这样知道活动的人会越来越多，还可以让亲友团到现场为小孩加油，所以可以保证人数。再加上参与就有奖品和5折优惠券，每进一级又有不同的奖品和优惠，再加上一些免费活动，比如参与活动的小孩拍写真集有优惠，饮料第2杯半价等，更能吸引人来参加。就算不参加活动，来观看的人也有优惠。人多了，活动时间长一些，到中午肯定会在商场里吃饭，餐厅可以推出充值返现活动，大部分人也会考虑充值，那就预定了下一次的消费，这样交易量也能提高。

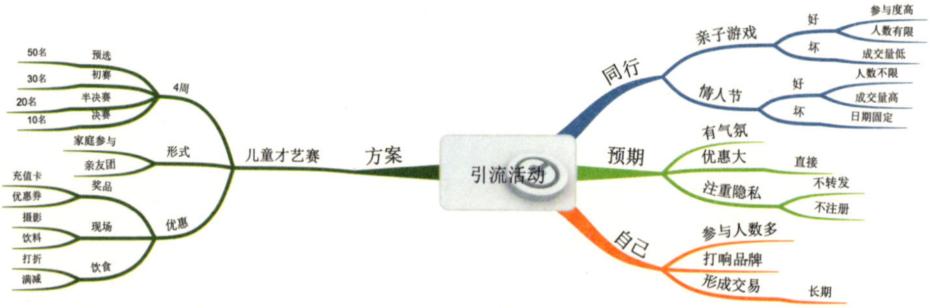

策划方案

按这样的思路完善下去，一个好的活动策划方案也就完成了。

本节练习：

1. 参照下方模板，用三角对标思维模式，明确未来努力的方向。

2. 按本节的步骤，尝试策划一次部门活动。

本节导图：

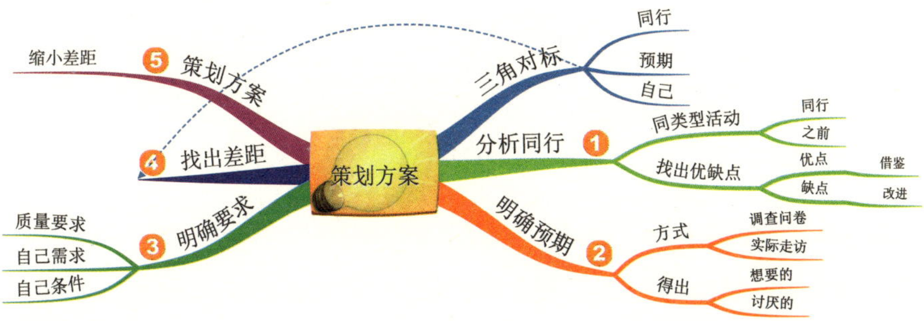
策划方案
三角对标
同行
预期
自己
分析同行
1
同类型活动
同行
之前
找出优缺点
优点
借鉴
缺点
改进
明确预期
2
方式
调查问卷
实际走访
得出
想要的
讨厌的
3
明确要求
质量要求
自己需求
自己条件
4
找出差距
5
策划方案
缩小差距

灵光乍现——如何用思维导图完成集体创意

要策划一个活动，除了自己一个人想，还可以多找一些人，整个部门的人一起想，甚至是整个公司的人一起想，这就是常说的头脑风暴，也是集体性创意的过程。在集体头脑风暴的过程中，想法会很多，但经常会出现跑题失控的状态，在这种情况下就可以用思维导图来进行操作和引导，能够产生更多的想法，包含很多新奇有创意的想法。

用思维导图进行集体创意主要分为七个步骤。

第一步是确定主题，主题、目标还有相关的背景信息都要明确。让所有人有更好的了解，才能有更多的想法。所以，先画两个分支，把背景和目标单独列出来。

还是拿上节的引流活动来说，要整个部门来策划，还是需要先让大家统一目标，不能随便想个活动，一定要为了目标而想，所以画个分支，明确目标。

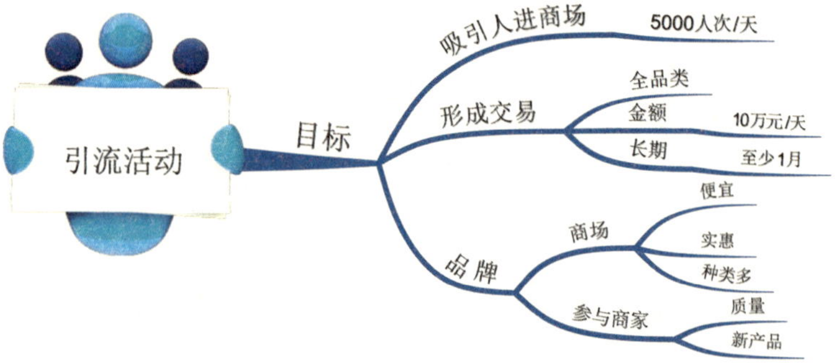

明确目标

目标最好是可以量化的，比如吸引人流，具体多少人才算达到目标，一天最少 5000 人次、10 万元成交额。还有品牌方面，商场想让人们觉得这里的东西种类全而且便宜，而商家想让人们知道本身的商品质量不错，最重要的是推广新的产品，那在做活动时，就需要有些新产品的展示或者试吃之类的活动。

第二步是先进行个人的头脑风暴。并不是一上来就七嘴八舌地说，而是针对主题，每个人先明确自己的想法，看能不能有更好的、更有创意的想法。这个时间限定在 1 个小时之内。制作自己个人思维导图的过程，可以完全按照上一节的方法来进行，先把自己的活动策划想出来，最后得出可以举办一个儿童才艺比赛的活动。

个人头脑风暴

有了个人的结果，接着就是第三步，进入小组讨论阶段。3 人到 5 人为一个小组，同样限定 1 个小时。在这 1 个小时内，保持开放的态度，支持并接受别人的任何观点，不进行任何的反对，并把这些纳入自己刚才画的思维导图中。这个过程其实是鼓励联想的过程，自己想法有限，通过了解别人的想法，又能激发自己更多、更新的想法。

因为是儿童才艺比赛，所以对节目质量是有一定要求的。如果保证不了节目质量，气氛就会受影响，观看的人数也不会多。这个观点先不要急着去反对，应该接受，确实会出现这样的问题，那如何去保证？这就需要自己继续想。可以和培训机构合作，让他们推荐儿童参加，这样也多了一个宣传渠道，更好了。同样地，你也可以对别人提出的活动方案发表自己的看法。

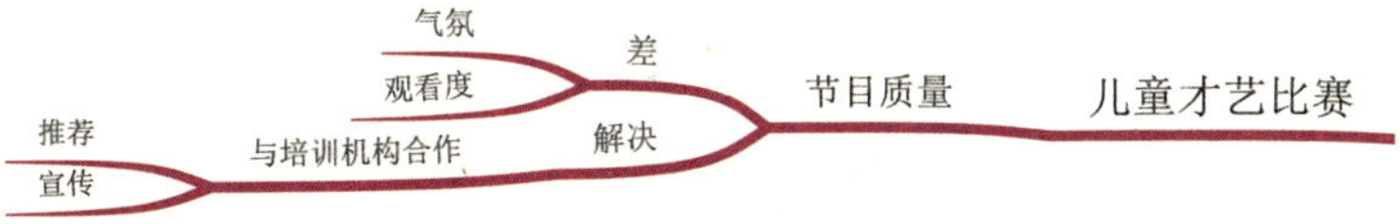

激发更多的想法

小组讨论的过程需要完成一张集体的思维导图，也就是第四步。把小组所有人的想法都整合到一张思维导图里，这需要由一个人负责来画，其他人把自己的想法说出来，重复的想法只保留一个，同时最好能进行归类整理。

小组导图

本小组内想到的活动不少，有针对亲子的，有针对妇女、学生的，按分类来进行，后面把活动列出来。可以在小组内先讨论一下哪些活动是可行的，删去那些不太好的活动，只保留可行的活动。

小组的思维导图画完后，第五步是休息。花了 2 个小时，能想的基本上都想到了，再也想不出什么了，那就先休息一下，让大脑放松一下。

休息过后是第六步，小组成员再回过头来对着整张集体导图想一想，看有没有新的想法要补充。一般经过休息，都又会有一些新的想法。可能会想到一个新的活动方案，也可能否定之前的可行性，把这些都补充上去，最终得出小组的结果。

小组结果

最后是第七步，将各个小组的导图再整合到一张大的、全体的导图上，再重复上面第四步、第五步和第六步，再想，再休息，再想，这样得出的结果是比较全面的。最后再来做出一个决策，选择一个活动，集体的创意也就完成了。

本节练习：

1. 以家庭为单位，尝试用思维导图的形式解决目前家里遇到的问题。

2. 如果你是领导，在工作中遇到难题，尝试让整个部门利用思维导图找出解决思路。

本节导图：

第四章

分析问题根源，提出合理的解决方案

高效决策——如何用思维导图完成快速决策

决策是指决定策略或方法，是人们为各种事情出主意、做决定的过程。这是一个复杂的思维操作过程，需要对信息进行收集、加工，最后做出判断、得出结论。决策无处不在，比如公司战略层，要不要设立分公司，要不要发布新产品；部门策略层，新产品要有哪些特点，项目要不要延期；还有个人选择，要不要换工作，要不要搬家等。只要面临多种情况，需要做出选择，就需要用到决策。

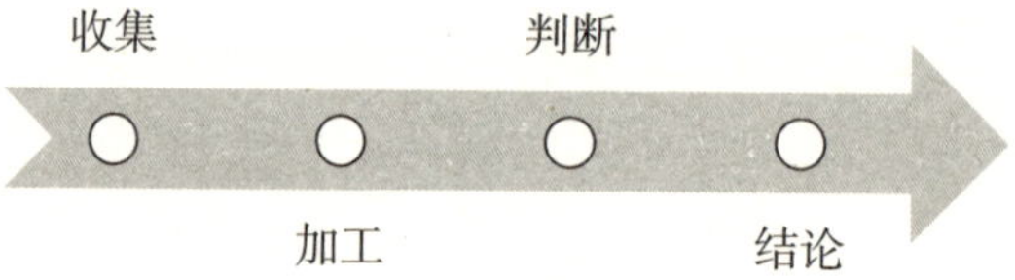

决策过程

面对选择或决策时大部分人会犹豫不决，要么花很长的时间去做决定，错过了好机会，要么拍脑袋随便做一个决定，过后就后悔。现在有家公司因为扩张，需要在短期内招聘大量的人，想要挖你过去，薪资开的是现在的两倍，你会如何做决定？有人左思右想，想要高工资，可又担心别的问题，想了很久最后决定去，结果人已经招满了；有人是一听到薪资是两倍，马上答应，第二天就去辞职，结果到了新公司没一个月就因为扩张太快倒闭了。还有现在项目延期了，有人会花几个小时甚至一天的时间来开会讨论怎么办，这就是很浪费时间的，有这时间不如抓紧点，至少可以少延期一天；有人是不讨论，要延期了，就再多找些人来做，结果来的人不了解项目，能力也不行，不仅没帮上忙，反而使项目更乱了。这些都是决策考虑不高效或不全面引起的。

决策分为两种类型，一种是应变型的决策，就是问题发生了，需要你去确定如何解决。现在项目延期了，本来是要月底做完的，结果到月底了，还差一部分没有完成。这件事情真实地发生了，那接下来就需要做出一个决策，明确采用哪种解决方案。

另一种是前瞻型，就是这个问题还没有发生，就提前进行预防。在项目开始之前，因为任务重、工期紧、人员少，就预测到可能会发生项目延期的问题。那就可以提前想一些解决方法，尽量避免问题发生。能做到提前预测当然是好的，但现实中大多数是第一种，等问题发生了才决策。所以，在做任何事之前，都可以先画一张思维导图，全面系统地思考，提前发现一些问题，尽量把决策放到开始前。

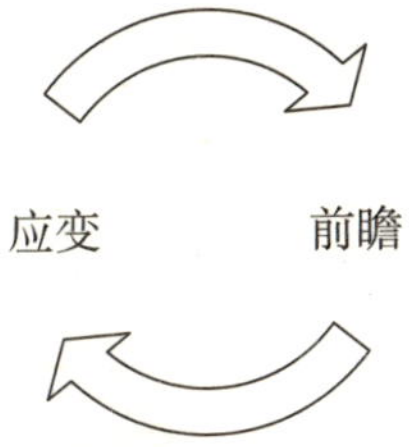

决策分类

想要做出一个好的决策，一定要厘清自己的思路，至少要搞清楚决策的目的是什么。项目延期了，现在要解决，是只要表面上看起来差不多就行，还是要保证质量，不能放过细节；要换工作了，是只考虑工资高不高，还是要考虑后续的发展。总之，要搞清楚事情的优先级。项目延期需要加人手，这个项目是不是比其他所有事都重要，是不是能让所有人放下手上的工作来帮你做；要换工作，离家近又工资高的工作很少，所以要看工资和远近哪个优先。另外，还要搞清楚当前做决策所受的一些限制条件。项目延期了，现在的情况是最长只能延后一周时间，并且没有其他人来帮忙，在这种情况下怎么解决；换工作自己学历不行，大点的公司不好进，在这个限制条件下怎么选择。

要把这三个问题搞清楚，大脑就很混乱了，在混乱的情况下做出的决策都是不太好的，所以我们要先厘清自己的思路。这就要用到思维导图，用思维导图来做决策有很多优点。

第一个优点是它可以一目了然。一张图就可以看到自己现在面临的所有问题。事情的优先级和限制条件都可以直观地看到，需要考虑的因素也能通过不同的分支直观地表现出来，这些因素之间的关系也能看得比较清楚，相当于把复杂的问题简单化，一张图就能把所有要考虑的内容都列出来。

比如要不要换工作，因为目的是追求更好的发展，工资只要不比现在低就可以，所以除了考虑工资外，还要考虑公司的晋升机制，能不能升职加薪；工作内容能不能发挥自己的优势；公司离家的远近，离得太远，还要经常加班的话就不太好了。这样画一张图，就会比较直观。

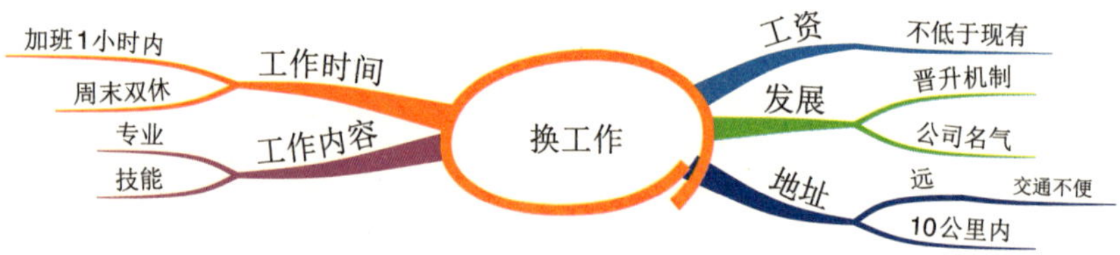

一目了然

第二个优点是可以通过分支构造把所有的想法整理出来。不同分支，不同考虑因素，每个因素下还可以产生更多的联想。这样才能考虑得更加全面，而不是只考虑到其中一个点。

比如考虑在本公司内部晋升的机制，可以再详细展开。公司内部晋升最好是一年一次，而且是用业绩来说话，有岗位空缺也都是从内部提拔，而不是从外面空降。这些都不好实现，那公司就需要有些名气，最好是本行业前 10 名的，这样在公司内部得不到升职加薪，将来换工作也有优势。

完善想法

第三个优点是思维导图可以表达情感。前面说到不同的颜色可以代表不同的心情，表达不同的意思。那么在画的过程中就可以用这些颜色来表达自己的感觉。消极的因素就用黑色或深蓝色，积极的可用橙色或黄色，觉得重要的就用红色等。看重发展，就将分支颜色改成红色；公司地址不想太远，可以用蓝色来画。

表达情绪

第四个优点是可以整体平衡。做决策最怕的就是不平衡，考虑到这个，却影响了另一个。只考虑到工资增加 1000 元，但没考虑到公司离得远，要重新租房子，新公司附近的房租比之前的高 1000 多元，这样相当于没涨工资。思维导图可以把相互制约的因素用关联线画起来，这样考虑的时候不会忘记，可以起到平衡冲突的作用。冲突平衡了，做出的决策才比较好。

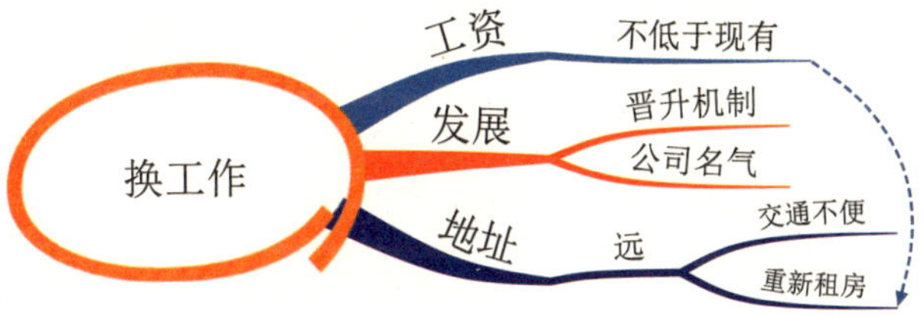

平衡冲突

这是决策过程中要注意的一些事项，接下来几节我们会通过一些实例具体来看决策步骤。

本节练习：

将生活、工作中需要自己做决策的事列出来。

1）

2）

3）

4）

本节导图：

决策
优点
一目了然
复杂
相互联系
分支构造
产生联想
所有因素
情感因素
色彩
平衡冲突
考虑因素
目的
优先事宜
限制因素
定义
决定
策略
方法
信息
收集
加工
判断
得出
结论
现状
错过时机
过后后悔
分类
应变
发生问题
解决
前瞻
未发生
预防

双值决策——如何用思维导图快速做出选择

本章节先来看一个简单的决策过程——双值决策。双值决策就是决定“是”还是“不是”，“好”还是“不好”，结果只有两个。思维导图可以用来解决面临两难选择时如何快速做出决定；可以避免一些主观上的喜好和只凭直觉做决定。

用思维导图做双值决策主要有以下六个步骤：第一步是画中心图像，确定要决策的内容。第二步是画两个分支，分别是两个选择，也可以再画一个分支把目的、背景等说明一下，更好地引导自己思考。第三步是在每个分支后面列具体考虑的因素，列完后，大部分就可以得出一个结论了，因为思路已经梳理清楚。如果画到这一步还没有得出结论，继续第四步，可以用数字来进行一个加减法的操作，给每个考虑因素打分，累加后看两个选项哪边的分数多，就选择哪边。累加后分数相等或差不多，还是做不了决定，就到第五步，加权重，给每个因素加上发生的概率、优先级，把刚才打的分数加上权重，再得出一个数字来累加，还是哪边高就选择哪边。还是决定不了，那就来扔个硬币吧。其实有很多事情，在你扔出硬币的那一刻，就知道结果了。当然，扔硬币一定要在前面的步骤都完成以后才行，因为经过这些步骤才能把所有要考虑的因素弄清楚。

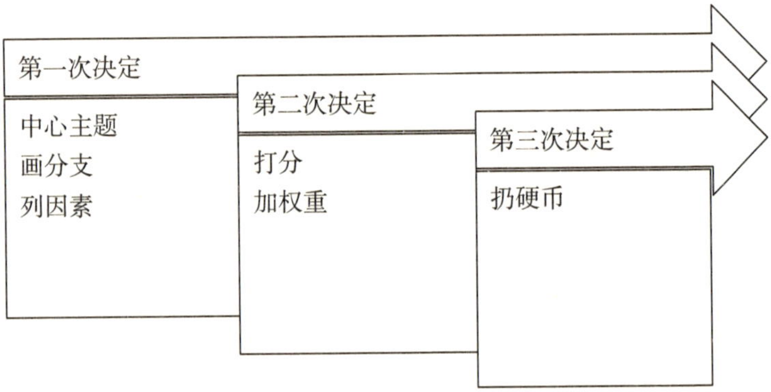

双值决策步骤

我们来看一个实例。现在你换了一份新工作，新公司离你住的地方有点远，如果搬家，新公司附近的房租不便宜，如果不搬家，上下班路上会花很长时间。怎么综合考虑，到底要不要搬家？我们来画一张思维导图看看。

中心主题就是搬家，分支就两个选项，要么搬，要么不搬。接着后面需要列出考虑的因素。刚才只想到上下班路上时间和房租的问题，除了这两个，看看还有什么因素是你要考虑的。比如交通方面，不能只考虑上下班的交通，还要考虑回家去火车站，去一些景点、逛街的地方是不是方便等；环境方面，周边的生活配套设施是不是方便，能不能自己做饭等；社交方面，搬家了，就到了一个陌生的地方，需要重新认识人等。这样看下来是不是比一开始只想到房租和时间更全面了。

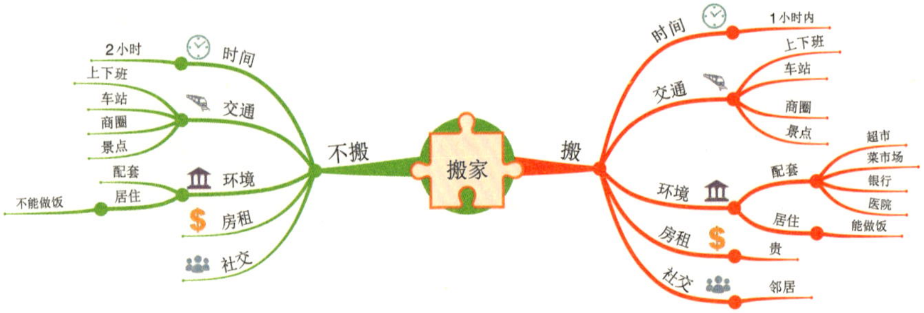

考虑因素

先把这些要考虑的因素列出来，接着展开详细分析。可以先把你现在的情况列一下，就是不搬的情况。如果不搬，上下班要花 2 个多小时时间；交通是上班要来回倒车，但是去火车站还是方便的；现在是住在一个老小区里，所以整体的环境比较破旧，不能自己做饭，每次都是点外卖；但是现在的房租比较便宜，住了很长时间，和周边的邻居都认识，关系还不错。

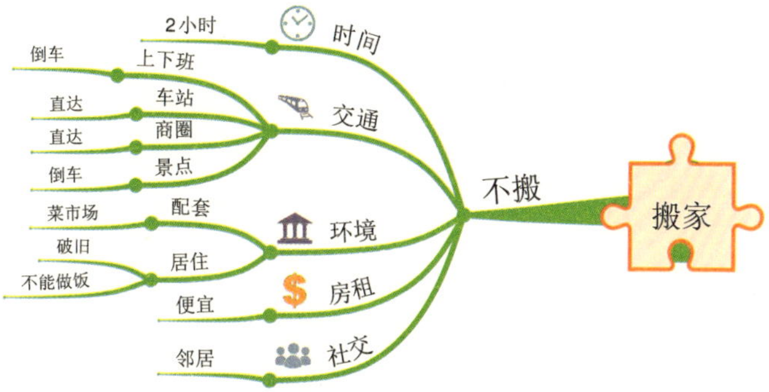

不搬家的现状

这是现在的情况，接下来是看搬家后的情况。搬家后上下班的时间可以在 1 个小时之内，那就可以多出 1 个小时来学习；交通是上下班不用来回倒车，但要是回家去火车站就需要倒车了；公司附近的都是新的小区，环境肯定会好一些，相对也安全一些，也能自己做饭；那对应的房租就会比较贵，但是可以自己做饭，这又可以省下一些钱；社交这方面需要重新认识邻居，但因为离公司比较近，所以晚上可以多参加一些同事的聚会，和同事搞好关系。

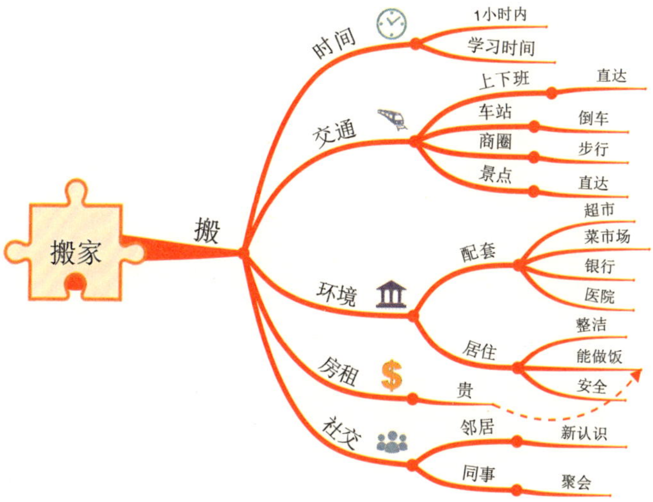

搬家后的改变

画到这儿，你觉得是搬好还是不搬好？还是做不了决定，接下来就打一下分，1—10 分，觉得哪个对你重要，就打高分，哪个无所谓就打低分。上下班在 1 个小时之内，这是自己最看重的，那就打 8 分；学习时间也是看重的，也打 8 分吧；上班直达，方便一些也是看重的，打个 7 分；回家到火车站方不方便不是很看重，打个 6 分；房租是最关心的，打个 9 分。其他的也都打个分。两个分支的所有因素都打个分，最后累加一下，看看哪边分数高，哪边分数高就选择哪个。

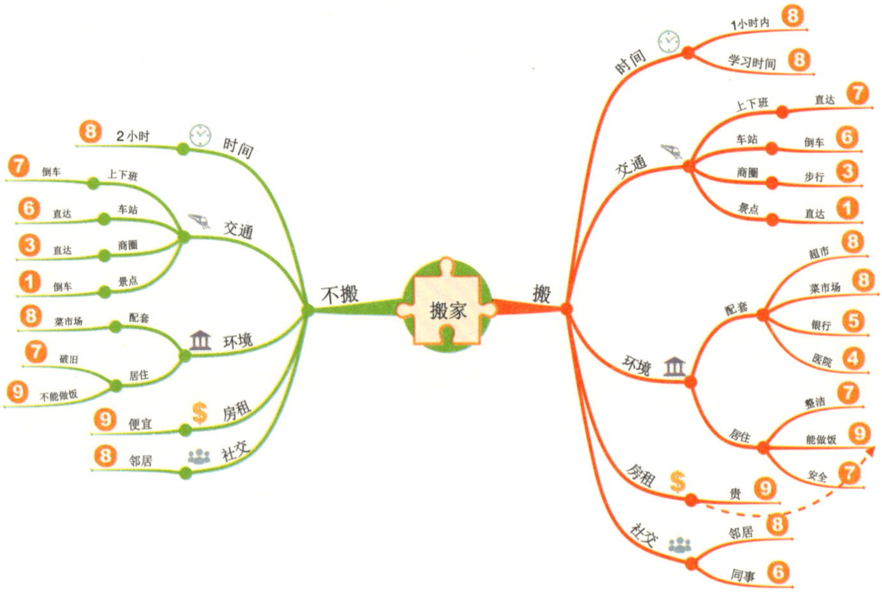

打分决策

如果两边的分数最后相差不大，还是做不了决定，可以看一下这件事情发生的概率有多大。搬家了，交通花的时间少，这个是 100% 会发生的，但是学习时间真的会加长吗？其实现在每天也不怎么学习，搬家后也不一定，可能去学习的概率不到 20%，甚至完全不学习，那就是 0% 了。还有回家，到火车站是不方便了，但是每年回家也就那么一两次，发生的概率也就 20% 吧。其他的因素也都可以明确一下。最后把刚才打的分数和发生的概率相乘。学习的 8 分乘 0% 就是 0 分了，相乘后再累加一下，同样还是看哪边的分数高就选择哪个。

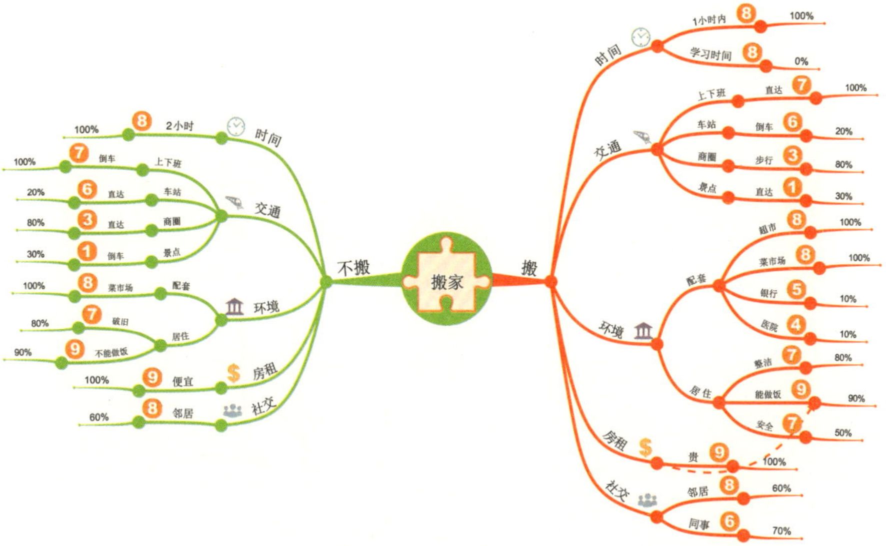

加权重决策

这样做出来的决策是不是比一开始只考虑房租和时间更全面了？

本节练习：

参考下方模板，列出自己考虑换工作时的详细因素，并按本节步骤做出决策。

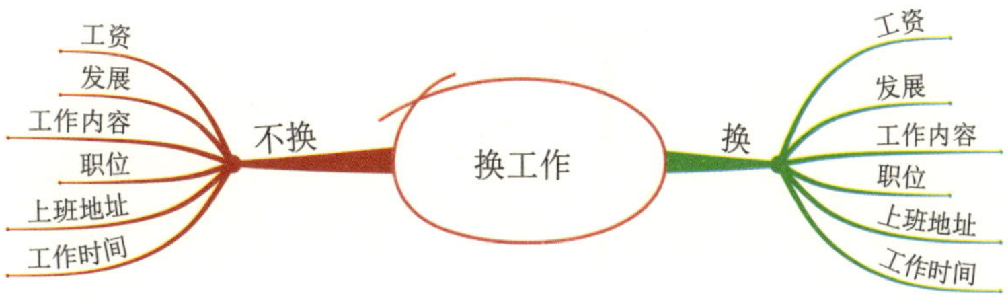

本节导图：

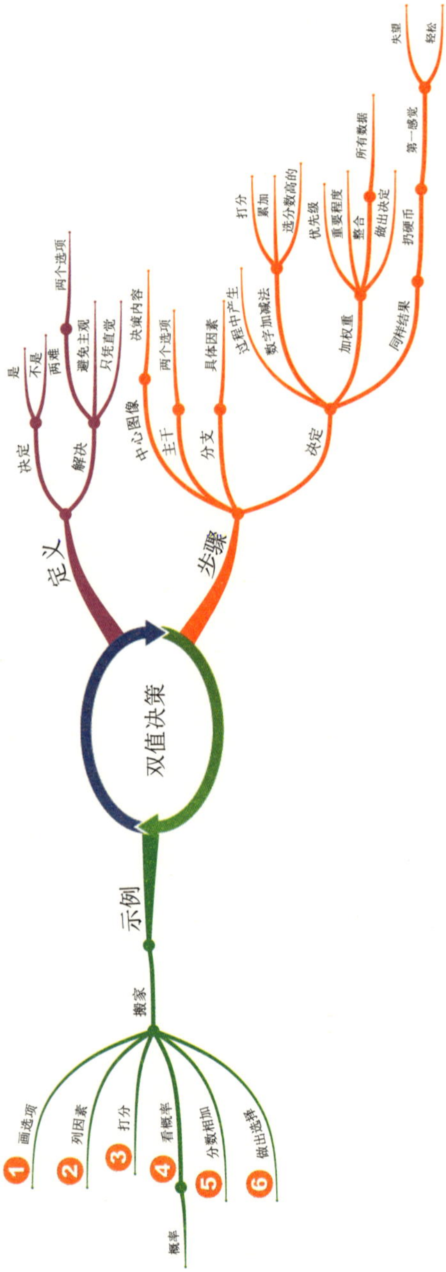
双值决策
定义
决定
是
不是
两难
解决
避免主观
只凭直觉
两个选项
步骤
中心图像
决策内容
主干
两个选项
分支
具体因素
决定
过程中产生
数字加减法
打分
累加
选分数高的
加权重
优先级
重要程度
整合
所有数据
做出决定
同样结果
扔硬币
第一感觉
失望
轻松
示例
搬家
1 画选项
2 列因素
3 打分
4 看概率
概率
5 分数相加
6 做出选择

复杂决策——如何用思维导图完成复杂多值决策

看完简单的双值决策，接下来看看复杂一点的，有多个选项时如何做决策，也就是多值决策。

工作中经常会遇到出了问题需要解决，而解决方案又有很多个，这时候如何选择？这里就要用到之前介绍的六顶帽子思维模式。六顶帽子一般用在头脑风暴、组织会议上，但同样可以引导我们做出决策。画的时候不必画出帽子或者按规定的颜色，只要按照这个思维模式来进行思考就可以。从 6 个不同的角度进行分析，从而得出一个全面、合理、客观的决策。

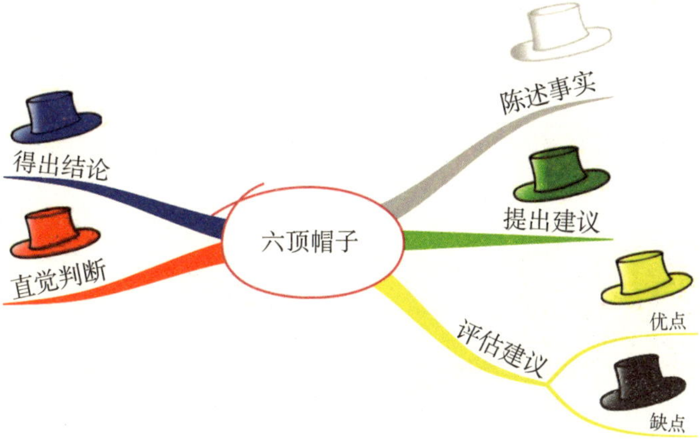

六顶帽子思维模式

本季度公司的收入直线下滑，销量不行，产品卖不出去，针对这个问题，把事实陈述出来。六顶帽子中用白色来代表中立客观，把事实和数据都摆出来，让大家明确现状。这一季度的销售数据确实是有所下降，下降了多少，最好把数据摆出来，比如“上一季度销售额是 100 万元，本季度是 90 万元，下降了 10%”。

面对事实，接着提出建议，也就是给出解决方案，这一步需要用到绿色帽子的观点。要求具有创造性、想象力，只要你想到能够解决这个问题的方法，不管它是否有效、是否正确，先画出来。有人觉得卖不出去是因为产品的外观太老旧了，不时尚，不符合现代人的审美，所以给出的解决方案是模仿现在卖的好的产品来重新设计的；有人觉得是市场推广不行，建议用返现的方式进行大力营销；有人觉得是产品价格太高了，降价促销一下就好了。这些方案，都是需要决策的选项。

列现状，提方案

面对提出的这些方案，分别从优点和缺点两方面来进行评估。优点是黄色帽子的部分。黄色帽子只要求正面、肯定的评估。模仿销量好的产品重新设计，优点是能够让用户更容易接受，因为市场上已经有同类型的产品了。接下来还需要列举缺点，即黑色帽子部分，要求从负面的角度进行批判和否定评估。模仿销量好的产品重新设计，缺点就是没有自己的特色，用户不容易区分，长期对公司品牌的影响不好。

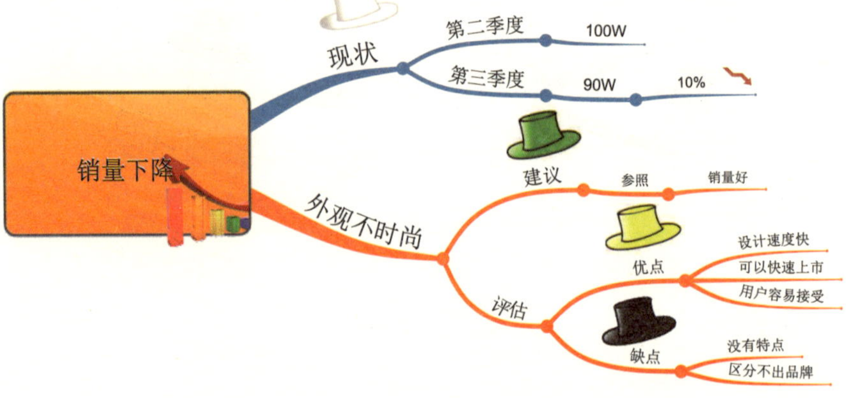

正反面评估

分别从正面和负面的角度列出优点和缺点，接下来我们需要决策，先凭直觉来判断，即红色帽子部分。红色帽子是从情绪、感觉的角度，而非理性的角度来做出判断的。如实地表达感觉，觉得好就是好，觉得不好就是不好。参照市场销量好的产品重新设计，感觉短期内是能提高销量，但从长期看就不好说了，所以觉得不好。

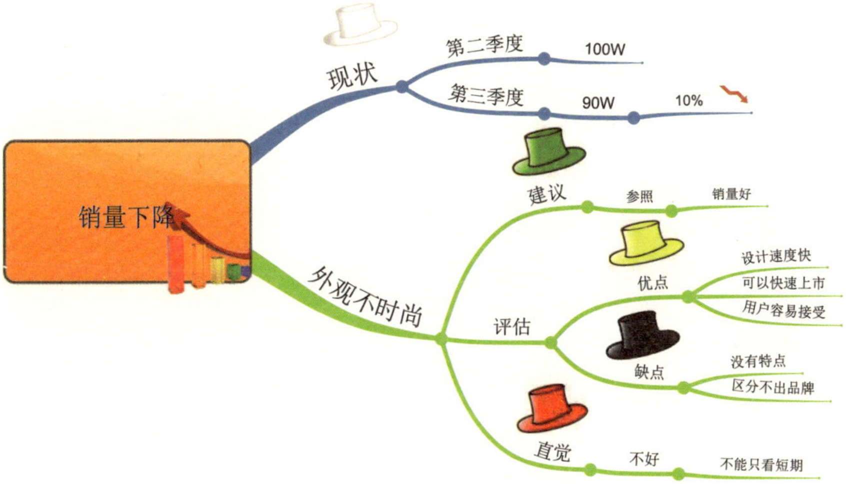

直觉判断

靠直觉来判断，自己一个人时好办，人多的时候需要统计投票，按大部分人的直觉来做出判断。如果这么多的方案中，只觉得一个好，那就做出了选择；如果觉得几个都好，需要继续做决策，采用蓝色帽子的角度来做出结论。

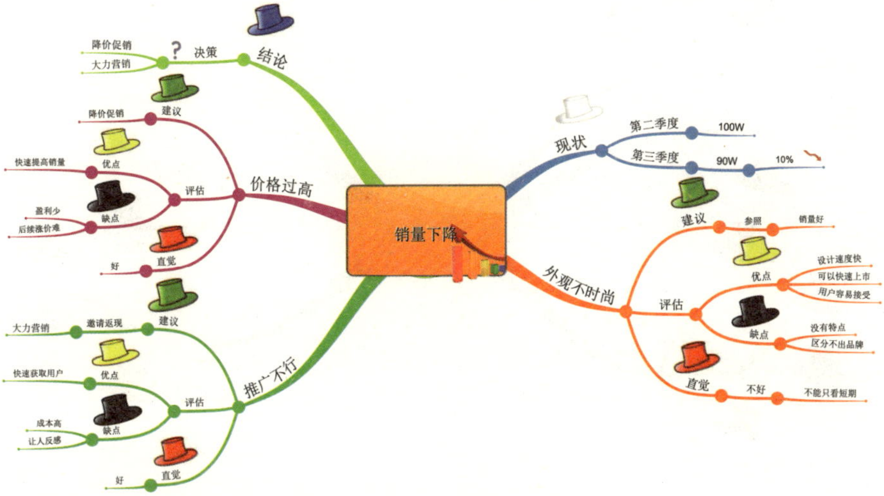

继续决策

现在所有的方案中，有一个大部分人觉得不好，有两个觉得好，所以需要在“降价促销”和“大力营销”两者中再做出一个选择。蓝色帽子在会议中指的是主持人的角色，大家在针对一个问题争论不休时，需要蓝色帽子把控会议进度，做出一个决定。这里的做决策，可以指有最高权限、职位最高的人，两个方案里他更倾向于哪一个就选择哪一个。其实工作中很多决定不了的事，最终都是由上一级的人来做决定的，做决策也一样，自己定不了时，可以将自己的选项和分析结果交给上一级的人，由他来做决策。上一级的人定不了，还可以再次让大家来投票，哪个选项多，最后就选择哪个方案。

这样一个多值决策的过程比较适合多人时使用，自己一个人时建议采用双值决策的方法，多个选项同样可以采用打分的形式，哪个分数高就选择哪个。

下一章节还会说到如何用六顶帽子思维模式来组织会议，到时候可以再看一下本节内容，做个对比，加深理解。

本节练习：

参照下方模板，组织家庭成员，利用六顶思考帽，再来讨论一下自己要不要换工作。

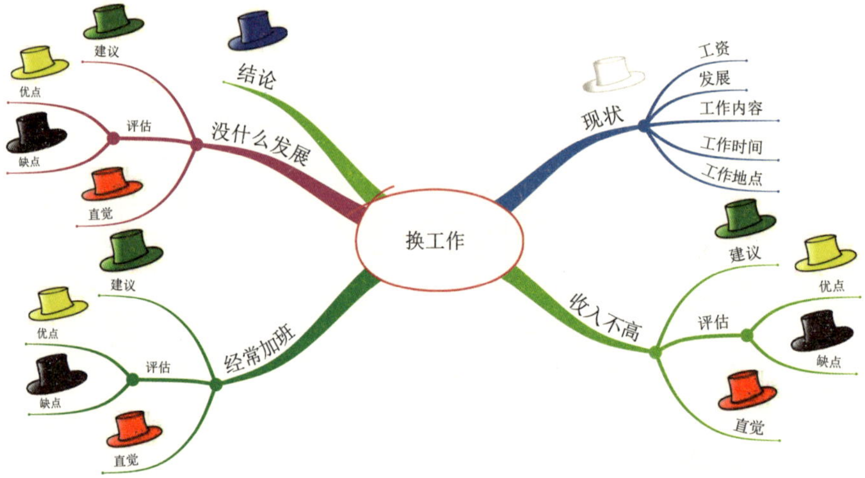

本节导图：

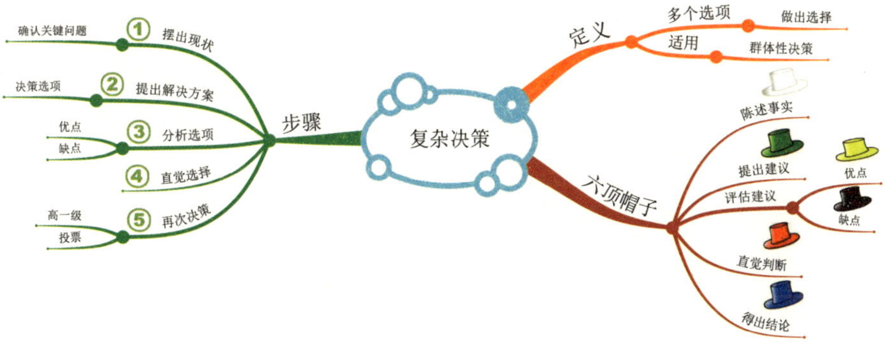
复杂决策
步骤
① 摆出现状
确认关键问题
② 提出解决方案
决策选项
③ 分析选项
优点
缺点
④ 直觉选择
⑤ 再次决策
高一级
投票
定义
多个选项
做出选择
适用
群体性决策
六顶帽子
陈述事实
提出建议
评估建议
优点
缺点
直觉判断
得出结论

鱼骨图分析法——找到问题所在，才能尽快解决问题

本节要介绍另一种思维形式——鱼骨图分析法，用鱼骨图来进行引导，也可以快速找到问题所在，从而快速做出决策。

鱼骨图分析法刚开始是用在工厂生产管理中的，针对一个问题，分别从人、机、料、法、环这五个方面来进行分析。人是指和问题相关的人，机是指生产设备，料是指生产的原料等，法是指生产的流程，环是指生产环境。从这五个方面全面分析，能够让你找出根本原因，聚焦问题。

这段时间生产的产品质量合格率下降了不少，是什么原因引起的？该怎么来解决？首先从人的方面来分析，现在人员流失严重，操作熟练的人没几个，大多都是新人，而且尚未进行培训，操作中容易出问题。其次从设备方面来分析，生产设备很久没有进行检修了，经常出问题。再次从原料方面来分析，换了一家新的供应商，原材料都变了，这也可能是影响质量的一个原因。又次看看生产流程上有没有变化，生产流程的变化也可能是质量下降的原因。最后从环境方面来分析，有可能因为当前天气太热，温度高影响了产品的质量。从这五个方面进行分析，细化下去，就能找到根本原因，也就知道该选择哪个解决方案了。

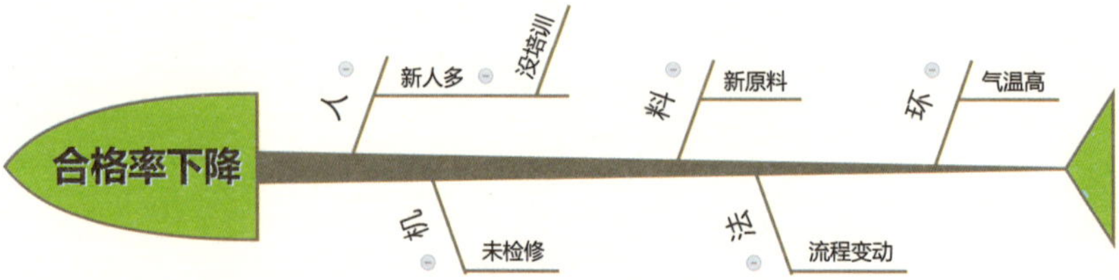

鱼骨图分析法

鱼骨图可分为两类，一类是用来分析什么原因引起了这个问题，鱼头在右边，是原因型鱼骨图；另一类是对策型鱼骨图，鱼头在左边，就是问题已经产生，要想怎么来解决。这两类的画法完全一样，学会一个，另一个照着画就可以，只是方向不同。本节我们是要学习决策，所以看对策型的画法。

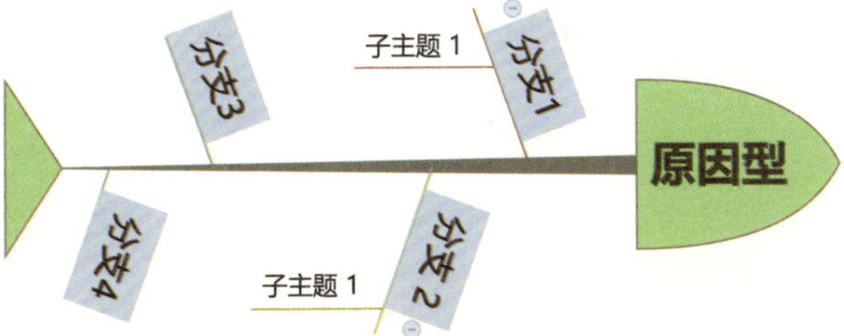

原因型鱼骨图

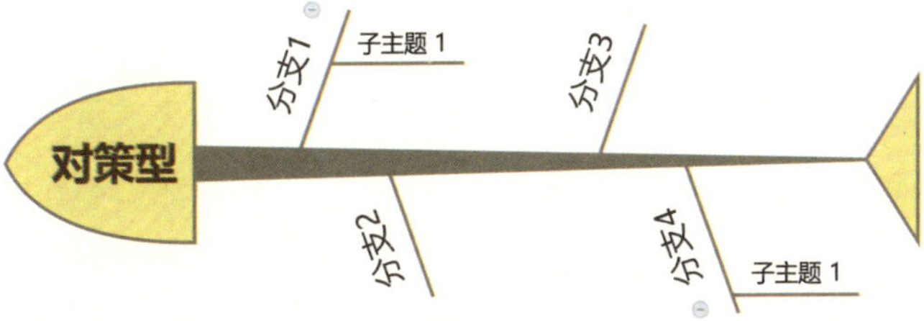

对策型鱼骨图

在 XMind 软件中这两个类型的鱼骨图都有默认模板，可以直接拿来用，手绘的也可以参照这个模板来画。我们来看一下实例，现在有一个软件项目已经延期，要求必须在 1 周内完成，而且功能不能少，质量也不能降低，这种情况下如何找到解决方法并决定用哪一种？

首先按照鱼骨图分析法来确认问题，搭好框架。问题一定要描述准确，不要用模糊的词汇，比如项目延期，具体是哪个项目延期，把这个问题写在鱼头上。同时还可以把当前的限制条件列一下，更好地引导思考。后面围绕人、机、料、法、环画五个分支，分别是人员、设备、材料、流程和环境。这一步建议先保留五个分支，不要想当然地觉得没用就不画了，比如感觉软件类的项目不受环境的影响，就不画这个分支了，其实这里的环境除了外部的气候等，还有工作气氛、团队人际关系等，这些也可能影响项目延期。

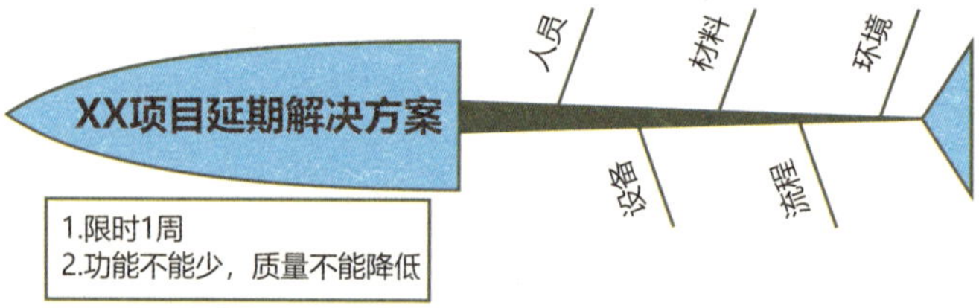

确认问题，搭好框架

接着针对五个分支分别展开发散，把你能想到的可以解决项目延期的方案都先列出来。人员上，可以通过再增加一些人或者让现有的人员多加班来解决。设备上，因为是软件项目，用到的设备主要是电脑和服务器，可以提高一下配置，让运行速度更快一些，也能加快速度来解决。材料上，因为是软件项目，并没有用到什么原材料，这个分支可以删除。流程上，之前都是先由产品经理写完各个功能的需求文档，开发人员再开发，然后再看需求是不是满足，再由软件测试人员来看质量有没有达标。这样一个流程各个环节不能同时进行，可以改变一下现有流程，改成敏捷的方式，不用等写完需求文档再开始，让产品经理一直在现场，直接说功能需求，有问题随时交流，另外软件测试人员也不用等都开发完再测试质量，只要完成一小块就先看，提前发现问题，这样速度可以快不少。环境上，为了赶进度，现有人员一直在加班，所以休息不好，休息不好效率自然不会高。还有就是大家离公司都有些远，上下班路上也很费时间，那能不能改成封闭的形式，在公司附近找个住的地方，可以减少大家上下班路上的时间，也能让大家休息好。另外，这段时间大家太累了，工作气氛低迷，可以给大家打打气，再多给大家争取一些奖金，有动力去完成这个项目。这一步先列可能的解决方案，不要去考虑是不是可行。

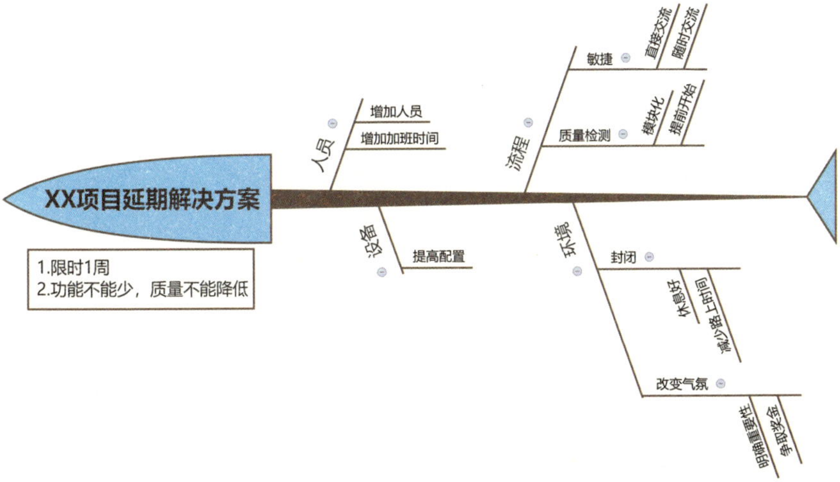

列解决方案

列出所有可能的解决方案，接着来进行分析选择。先把没有条件达成的解决方案删除或者打叉。因为现在同事都很忙，没有其他人来帮忙，所以增加人员的方案是不可行的。还有提高电脑等配置，这也不现实，因为重新购买，走流程也得好几周。现在大家已经够累了，再增加加班时间有点难，但可以和封闭工作的方案一起考虑，如果能封闭，就能减少上下班时间，加班时间相当于增加了。所以这三个是可以直接删除的，其他的还需要再好好看看。

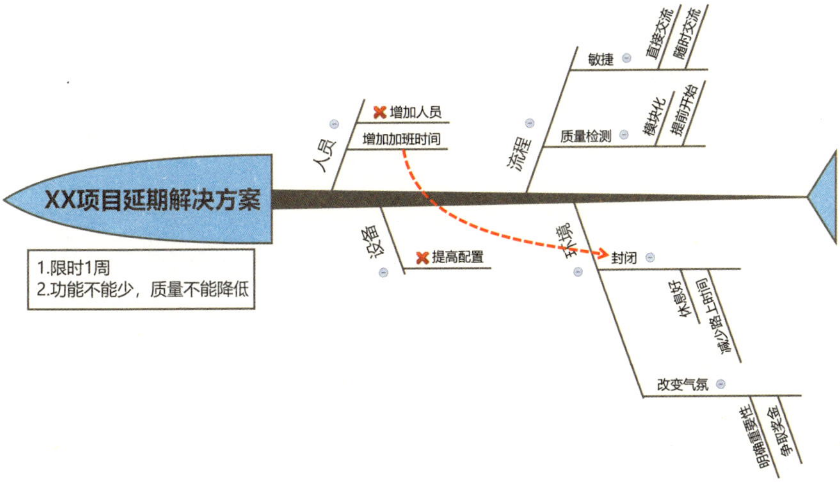

删除无条件方案

接着继续分析保留的解决方案。先看流程，改成不需要文档而是和产品经理直接交流，是更方便了，但会出现理解有误的情况，到时候说的和做的不一样，没有文档，又会出现相互扯皮的问题，还是有文档好一些。但是随时交流这个想法可行，看文档只要有不懂的地方就问，减少理解差异。另外让测试人员提前开始，从小的模块开始，好处是可以发现一些细节方面的问题，但有些细节问题是不影响整体功能的。提前发现问题就让开发人员来改，一是要花更多的时间，二是会打乱他现有的工作节奏，这样其实也不好，时间有限，只要不影响大的功能和质量的问题都可以先不管。流程上的方案不能直接采用，再来看环境上的方案。采用封闭工作的方式确实有好处，但是安排住宿会增加公司的开支，这得看公司同不同意，同意了就可以执行，不同意就不行。还有改变工作气氛，给大家多争取一些奖金也不确定能不能行，需要先去申请，通过了才能行。

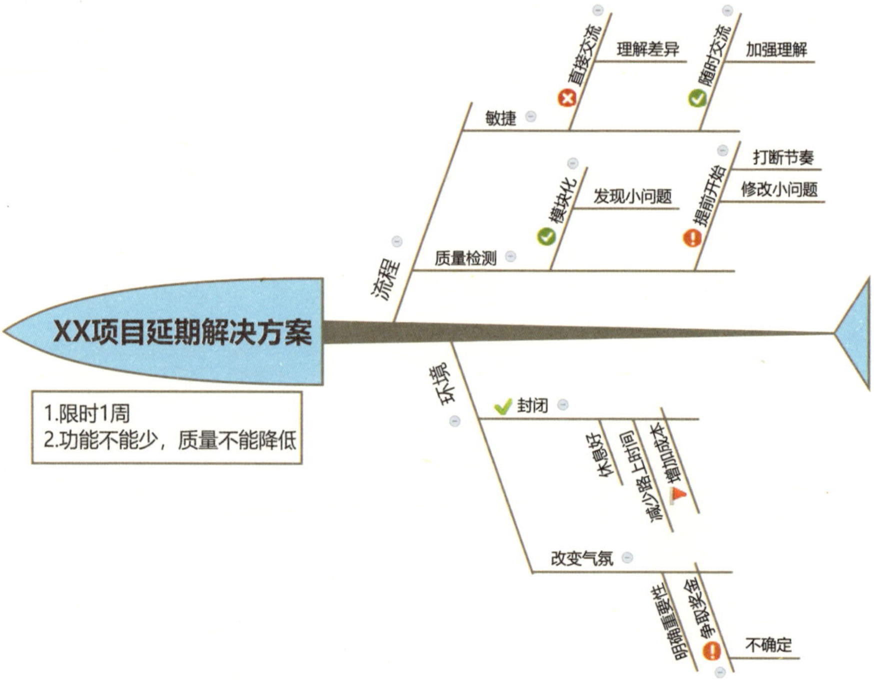

分析可行方案

分析完了，接下来就是去和公司申请，看看多发奖金和安排住宿能不能行，能行的话就先选择环境上的解决方案，不行的话再看流程上的解决方案。如果可以，两个解决方案还可以同时进行，这样项目延期的方案就确定下来了。

这是用鱼骨图的形式来画的，如果这样画着不习惯，也可以参照这样的步骤，改成之前围绕中心发散的形式画，也能达到一样的效果。

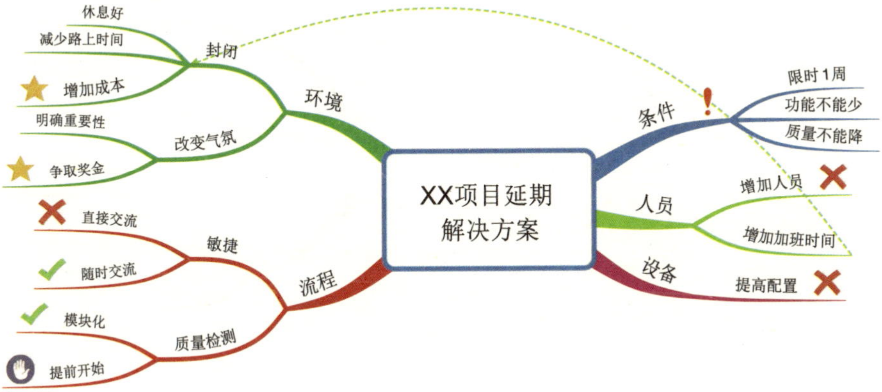

发散形式

本节练习：

1. 打开 XMind，找到“问题原因分析”鱼骨图，参照下方鱼骨图，分别列出自己换工作时要考虑的因素，对比这种形式和之前的形式，看哪种更好。

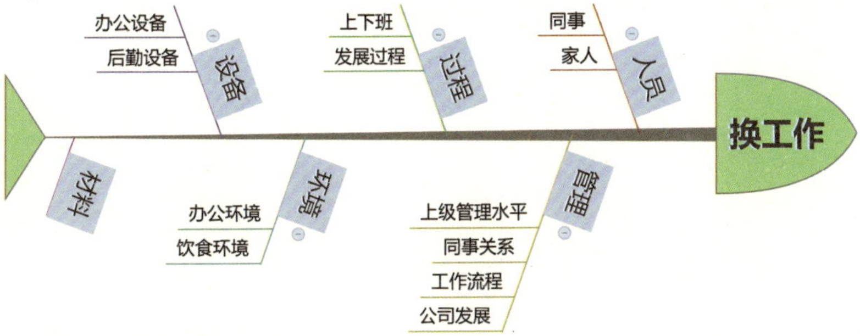

2. 挑选一个目前工作中遇到的问题，用鱼骨图的形式来分析。

本节导图：

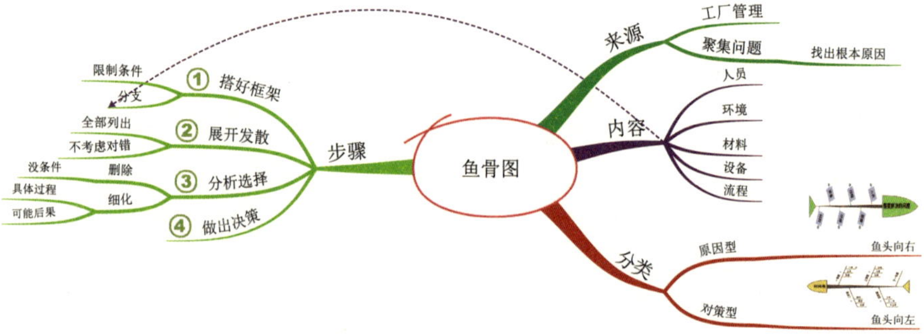
鱼骨图
步骤
① 搭好框架
限制条件
分支
② 展开发散
全部列出
不考虑对错
③ 分析选择
删除
没条件
细化
具体过程
可能后果
④ 做出决策
来源
工厂管理
聚集问题
找出根本原因
内容
人员
环境
材料
设备
流程
分类
原因型
鱼头向右
对策型
鱼头向左

第五章

汇报工作是门技术活儿，思维导图理思路

组织工作——如何用思维导图轻松组织会议

会议是现在工作中必不可少的，不管是私人企业还是国企，不管是大公司还是小公司，都会有大大小小的会议要组织或参加。但现在大多数的会议都是无效的，花了很多时间，却没有什么效果。

在组织会议的时候，人们最缺少的是规划能力，总觉得通知一下什么时候开会就可以了，但真正到会议进行时，就会发现少准备了资料，设备出了问题，还有一些人没有通知到等，这样会显得很慌乱。有时会议进行中没有人来控制进度，开着开着就跑题了，本来是要讨论这个问题，结果引出另一个问题，又去讨论别的事了；而且会议过程中经常会发生争论，不是去想怎么解决，而是相互推卸责任。这些都是需要在组织会议过程中加以控制的，不能花了时间却没有结果。要解决这些问题，可以用思维导图换个形式来组织会议。

我把会议分为三种类型：第一种是领导发言型，就是一个人在上面讲，其他人在下面听，不需要参与讨论，只需要接收信息就可以；第二种是集体讨论型，就是很多人针对一些问题，坐在一起交流讨论如何解决，参与的人一般是跨部门的，人数会多一些；第三种是小型会议，参与的人数不多，一般是几个人小范围地讨论一下，快速得出一个结果。

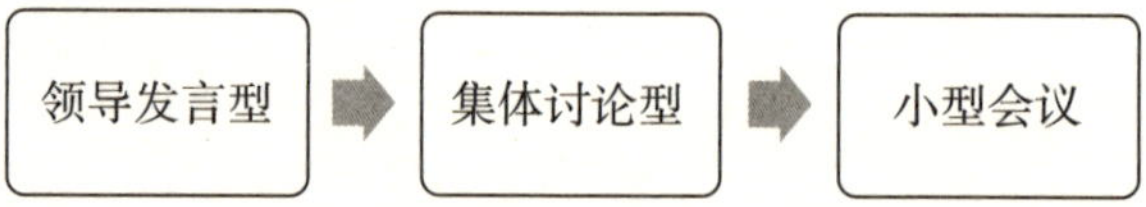

会议分类

不同类型的会议，在组织时侧重点也不同。先来看领导发言型的会议如何组织。

领导发言型的会议大体上可以分为这么几个步骤，先确认时间和地点；然后通知相关的人员或者邀请一些人员出席，像公司开业之类的，就会邀请一些人来参加；通知了以后，还需要在会议前一两天再提醒一下参会人员，特别是邀请的人。这类会议会早早地通知，到时候就可能有人忘了，所以需要提醒一下；接着就是做准备了，像刚才说的，准备好会议要用的资料，提前调试一下设备，避免到时候出问题；这些都准备好了，就可以开始了，开会的过程中主要是领导讲话，自己做一下会议纪要，结束后再来回顾总结，把需要后续解决的跟进一下。这样一个完整的会议才算完成。

现在公司要成立一个新的项目，在项目开始前，要开一个动员大会，向大家介绍项目，说明项目的重要性，给大家鼓鼓劲儿，再展望一下项目完成后的好处。这种就是典型的领导发言型会议，一个人在上面讲，其他的人只要听就可以。

要组织这样的会议，还是建议先明确会议的目的是什么，有了目的，才能根据这些来安排。新项目动员大会，目的就是让大家认识到公司对新项目的重视；新项目会有很多难关，要鼓励大家克服困难去完成；完成后所有参与人员都会得到好处，比如奖金、升职等。出于这样一个目的，领导就最好是高层的了，只让项目经理来说，感觉不够重视，更高级别的领导出席，才能体现重视的程度。另外只让领导一个人来讲信服力不大，因为大部分员工并不关心项目成功后对公司有什么好处，而比较关心自己辛苦付出后能得到什么。所以，还需要找个之前参加过重大项目，完成后确实升职加薪的员工来讲讲，信服力会增强不少。先画个分支，把这些梳理清楚。

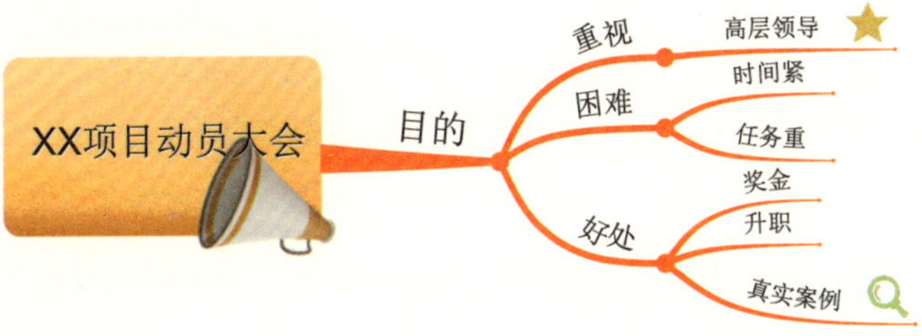

明确会议目的

明确了这些，也就知道准备的方向了。接着要去和领导确认时间、预订场地、看设备等。先按整个流程把各个阶段画出来，不同阶段不同分支，每个阶段需要考虑哪些内容也都写上。先要根据领导现有的安排来确认出席的时间，再根据领导的时间来预订场地，而且场地要有投影和话筒设备，至少能坐下 30 人。还要在会议前准备 PPT 之类的，在会议前要确保参会人员能准时参加，会议中要控制整体进度，会议结束后要收集一下大家的反馈，不能会议开完就完了，不管结果。这样整理完后，就会发现组织会议并不是那么简单，有很多内容一开始自己并没有考虑到，现在对着一张思维导图，可以更全面地考虑。

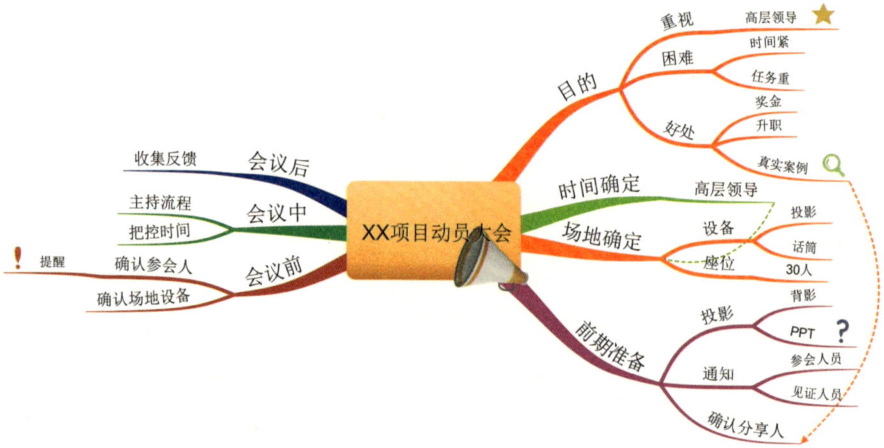

明确会议组织流程

明确了流程，对如何组织已经有一个整体上的认识，接着需要来完善细节，再对每个阶段详细划分和考虑一下。像领导用的 PPT 是你来准备还是领导自己准备，要是你来准备又要包含哪些内容等，不需要用 PPT 时，也需要找个投影背景。还有找的分享人是谁，他也需要提前准备 PPT，根据会议时间，需要他最晚在什么时候准备完，而且要提前看看他准备的内容行不行。会议前要现场确认一下设备，最好能有备用的，别到时候领导拿着苹果电脑去了，投影却不支持。把这些细节都完善了，再按照这张思维导图去准备会议就可以了。这样的组织既有整体性也有细节，就算自己没时间，交给别人去做，也不怕落下什么。

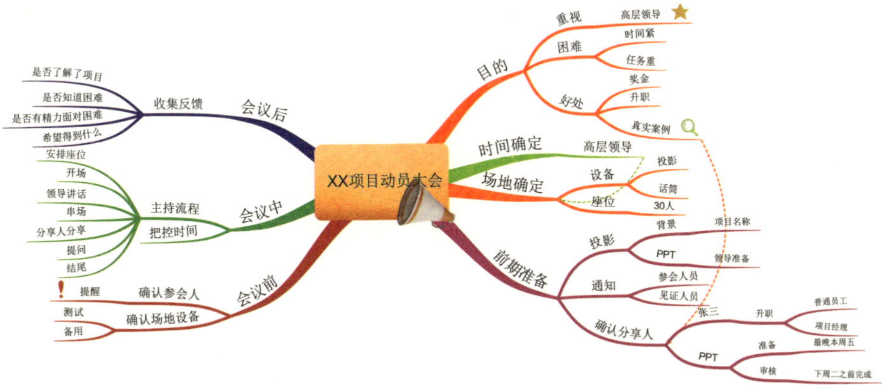

完善组织细节

接着我们来看一下如何组织集体会议。集体会议一般是遇到一些问题，需要不同部门之间相互协作来解决才组织的会议。这样的会议，因为都是公司内部人员参加，所以前期只需要做好通知和准备工作，关键是会议进行中，要进行引导，减少跑题和相互争论。这就要用到之前介绍的六顶帽子思维模式。

上一章节用六顶帽子思维模式进行多值决策的过程，其实就是集体会议在开会中的一个过程。先把事实摆出来，然后引导大家提出解决方案，再引导大家从不同的角度进行思考，最终得出结论，具体步骤参见上一章节多值决策。

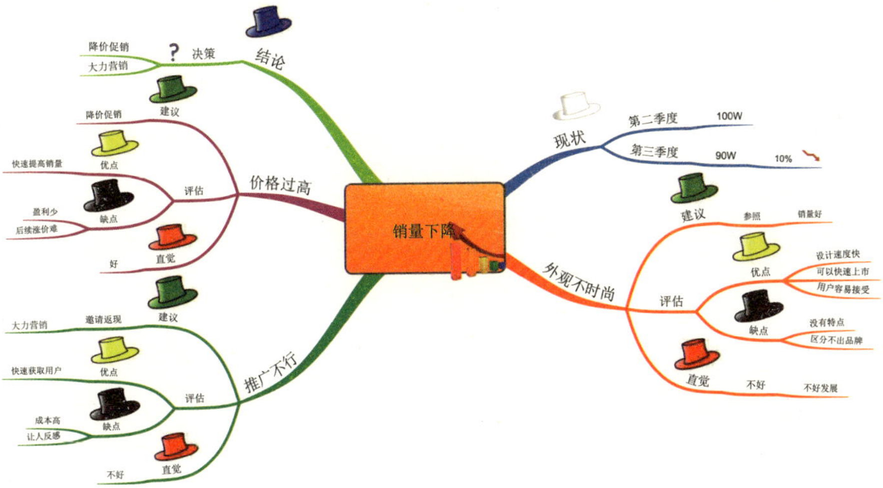

集体会议过程

这个引导过程可以直接在电脑上画，用投影呈现出来，也可以直接在白板上画。每想出一个解决方案，就画一个分支，再从不同角度来思考。直接画出来看着比较直观，这样能够不跑题，还能够保持不同角度都可以发表自己的想法，但不会有争论。

接下来看小型会议的组织。组织小型会议就比较简单了，前期不需要做很多的准备，因为一般都是临时的，直接拉人过来就开会。为了达到快速的效果，最好在开始之前，自己先画一张导图，把要讨论的问题列出来，最好能把背景也列一下，这样更方便参会人来做选择。

现在公司要组织一个团建活动，但是到底是周末去还是工作日去，一直决定不了，现在不能再拖了，需要马上定下来，这就需要拉几个部门负责人过来决定一下。在开会之前，先画一张导图，第一个分支来介绍背景，为什么要组织团建，主要是为了增强团队的凝聚力，让新员工尽快适应工作环境。如果都知道是什么事可以不介绍；第二个分支来列一下要讨论的问题，就是确定时间是工作日还是周末。

明确讨论背景的内容

画好后，就可以叫人来开会讨论了。再画一个分支，把讨论过程记录一下。工作日去，大家担心影响工作进度，客户来了没人接待；周末去，大家担心员工会反感，好好的周末被占用，起不到团建的效果。列出问题后，再看看有没有什么解决方法。其实和员工说明情况，为了不影响工作进度，需要这几天大家抓紧一点，就不会影响进度。再安排专人来接待客户，这些人可以不去参加团建活动，也不会影响到客户。如果没有好的解决方法，可以用 SWOT 分析法等来做决定，哪个优势多，就选择哪个。

讨论完了，最后把结论列出来，这样会议结束了，会议纪要也完成了。这样的速度是比较快的。

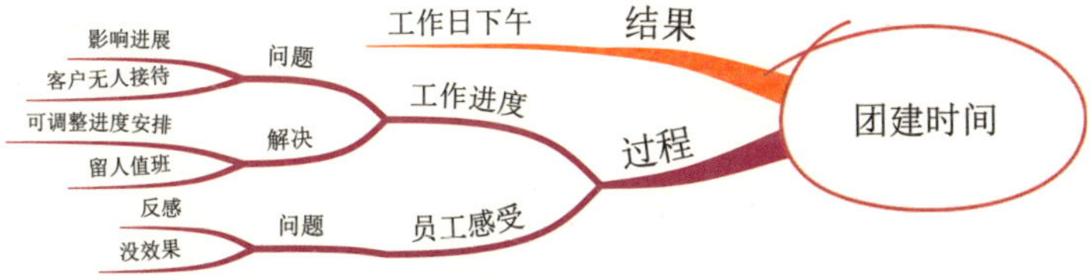

会议讨论过程

本节练习：

参照下方模板，自己组织一次会议。

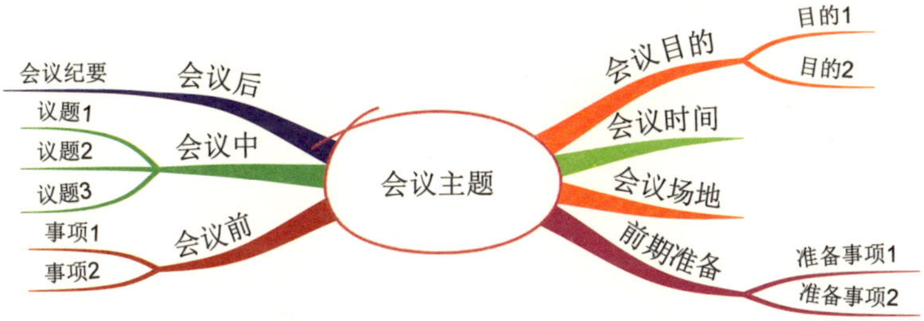

本节导图：

高效记录——如何用思维导图做会议纪要

说完组织会议，接下来看看如何做会议纪要。做会议纪要的一种情况是在开会前就指定由谁来做，将会议的过程记录下来，主要是方便没有参加会议的人查看，在会议结束后继续跟进。对于这种会议纪要，大部分人是将所有人说的话都进行记录，结果就是记了一堆没用的内容，要找其中一个点，还要从头到尾看，这样重点也不突出。而且现在大部分的会议结束后就没人跟进了，因为会议纪要没有说明负责人和时间等，无法执行，所以会议纪要应该加上这一部分。

另一种情况是没有指定专人来做会议纪要，只是自己参加的时候记录一些。这种情况下就只是把自己关心的、和自己有关的内容记下来。但现实却是参加会议时会觉得很无聊，感觉说的都和自己无关，很容易走神，因而错过一些重要的信息，记下来的内容也很杂乱。

用思维导图来做会议纪要可以很好地解决以上这些问题，关键是速度比较快，用熟练了，基本上会议结束后，稍加修改就完成了。不像传统的会议纪要，会议结束后还需要花很长的时间来完善，效率比较低。具体如何来做，我们用领导发言型的会议举例。

领导发言型的会议，给自己看的可以丰富一些，中心图像可以根据会议内容大体画一个。比如“项目动员大会”，可以画个奋斗努力的图。内容也不需要全部记录，只记自己关注的就可以。项目动员大会上说了很多项目的重要性，但自己不关注这些，只关注具体的工作安排和要求等，把这些记下来就可以。给别人看的，比如需要通过邮件等发布出来的，就需要正式一些，中心主题直接写字比较好。除了会议内容，还要把会议时间、地点、主要参会人员等基本信息写上，同时会议内容也要记得全一些。

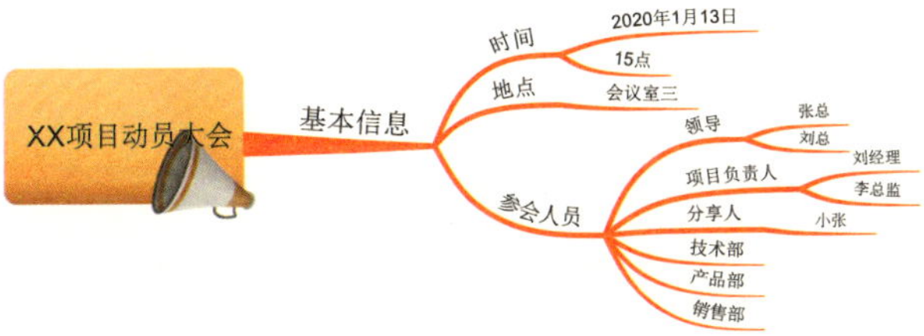

会议基本信息

领导发言一般分为两类，一类是有稿子，相关稿子有的会议会提前发下来，会议的内容就可以采用前面说的提取文章关键词的方式来画，直接对照稿子进行提取，听不听领导讲都无所谓。另一类是没有稿子，或者有稿子但不给你看，这就需要在听的过程中抓取一些关键词了。听到像“下面我们来说一下”，这个就是确定分支的过程，说完这部分，下面再说别的就需要再画一个分支；还有听到“第一、第二、首先、其次”等表示序列的词，还有“今年、以后、现在”等表示时间的词，也都需要画不同的分支；说了这些词，后面就会是一些关键词，仔细听，然后把关键词写到对应的分支上。

项目动员会议上，领导会说：“我们先来介绍一下项目，首先它是一个有创新的项目，其次它是公司能否盈利的关键……接下来我们再来说一下项目规划，今年先完成基础功能，明年完成个性化，后年要做到市场占有率 80%……”根据这些就可以画出两个一级分支，因为介绍了两部分的内容，分别是“项目介绍”和“项目规划”，接着后面的二级分支就可以根据序列和时间的词来划分了。

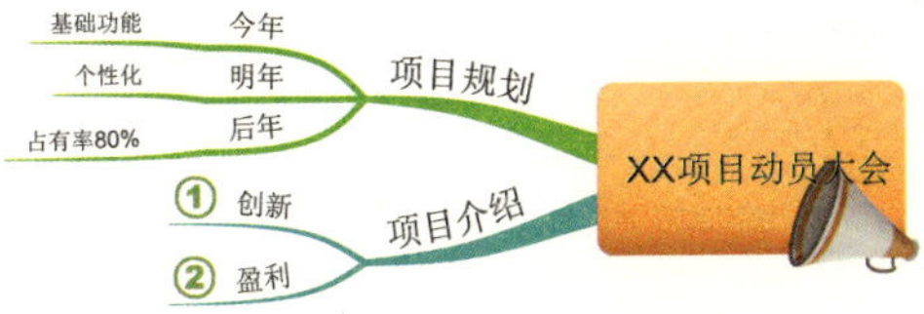

提取会议内容

就按这样的方法，听取特殊的词来确定分支，再抓取关键词，会议内容就可以记录完整。在会议进行中，会有记得混乱和不完整的情况，等会议结束后，马上整理，因为这个时候还有些记忆。也可以把结构重新调整一下，方便别人阅读。最后还要把重点标明一下，如果有结论，把结论单独说明一下，方便别人查看，这样一个会议纪要才算完成。

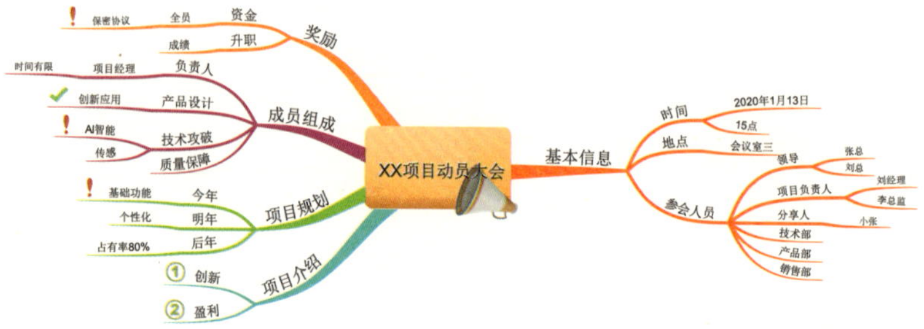

标注会议重点

这是领导发言型的会议纪要，接着来看集体讨论型的。集体讨论型的会议纪要如果是自己组织的，可以用六顶帽子的思维方式来组织，在会议进行时边画边讨论，等会议结束后整理一下，确定结论，标明重点，说明后续由谁负责，进度如何等，会议纪要也就完成了。如果是在白板上画的，最后拍张照，会议纪要也就完成了。

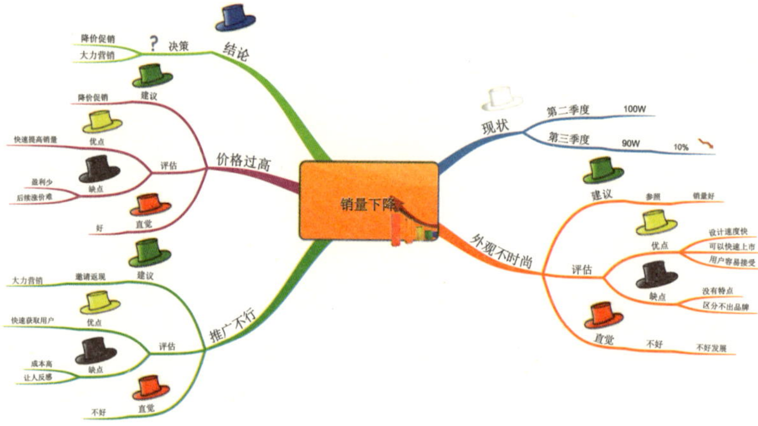

六顶帽子会议纪要

如果不是自己组织的会议，而且指定做会议纪要的人也不是自己，同样只记和自己有关的，自己要负责什么，质量要求和时间安排等。如果指定了自己来做会议纪要，但是整个过程没有用六顶帽子的方法来进行，就需要多花一些时间了。

因为是集体讨论，会议上最终会讨论几个问题，讨论的过程需要多长时间，内容会有多少都不太好确定，所以可以画多张思维导图，一个问题画一张。最后可以把思维导图合到一起，也可以做个总的，像做目录一样，详细内容再看各个对应的导图。这个过程最好用思维导图软件工具来画，因为方便整理和合并。因为没有采用六顶帽子的方式，会议流程会很混乱，需要重新采用一些方法来厘清和记录。

第一种方法是人物法，按参会的人来画。中心主题就是本次会议的主题，然后按参会的人来画出一级分支，不同人不同分支，人少时还可以按照会议中所坐的位置来画。接着就是在会议进行时把每个人说过的话记录下来，不管他是赞同还是反对，都记录下来。当然不是把整句都记录下来，而是只提取关键词。

针对销量下滑的问题，张总提出降价促销的解决方法，先在每个参会人员后面把这个问题列出来，然后看每个人的观点。李总是赞成的，但王总反对，认为会影响后面的销售。把不同人的观点分别写在他的分支后面。这样的好处是会议中有不明白的，会议结束后还可以找对应的人来问，也能让每个人的想法都直观地表现出来，方便后续会议的跟进，能较快地找到对应的人员。这样的会议纪要的优点是可以把所有人的观点都记录下来；缺点是问题不明确，结论不突出。一共讨论了哪些问题，结论是什么样的，还需要看每个人后面的分支才能知道。

人物法会议纪要

所以可改用第二种方法——问题列表法，不按人来画，而按问题来画。中心主题仍然是这次会议的主题，一级分支就需要在听第一人发言的过程中抓取他说的问题和观点，说到一个问题就列出一个分支。

针对销量下滑，张总先说可以降价促销，然后又说可以改变产品外观，这就是两个问题了，所以要画两个分支。接着第二个人发言，看他说的问题和观点是否和刚才第一个人说的一样，如果有，就在下一级分支中展开；如果没有，就新增一个分支。第二个人李总先说了对降价促销的认可，认为可以短期内提高销量，就把这个观点加到刚才的分支里。接着又说建议全员销售，公司里不管是哪个岗位的，都参与到销售中来，扩大推广面。这就是一个新的问题了，需要重新画一个分支。如此进行下去，最后就可以形成一个按问题展开的思维导图。每个问题方案是一个分支，后面是交流讨论的过程。这里最好在列问题和观点时把名字也写出来，方便会议结束后进行确认。这样的好处是可以减少问题的重复，把相关的内容集中到一起，方便看出问题的不同角度，指导做出一个决定。最后有结论的就把结论单独列出来，同时明确提出解决方法的人是谁，后续的负责人是谁，方便后续跟进，也能让每个人明确自己后续的工作任务。

问题列表法

最后来看小型会议的纪要，一般情况下小型会议是不需要做会议纪要的，因为它一是讲效率；二是内容少，参与的人也少，关注的是结果，所以把结果通知出来就可以了。如果是自己组织的，直接按照上一节所说的将组织过程用思维导图画好，也就是一个会议纪要了；不是自己组织的，想要把讨论过程记录下来，可以参考上面集体讨论的会议的方法。

这是用思维导图来组织会议和做会议纪要，除了这些，工作中还有一类工作报告、项目汇报类的会议，自己不需要去组织，也不需要做纪要，只需要发言，把项目进度、工作总结等汇报一下，然后回答别人提的问题就可以了。这类会议需要自己提前准备发言的内容，要让自己说的内容逻辑清晰，重点突出，同样可以用思维导图来进行。

本节练习：

参照下方模板，尝试用人物法针对会议中的议题做会议纪要。

本节导图：

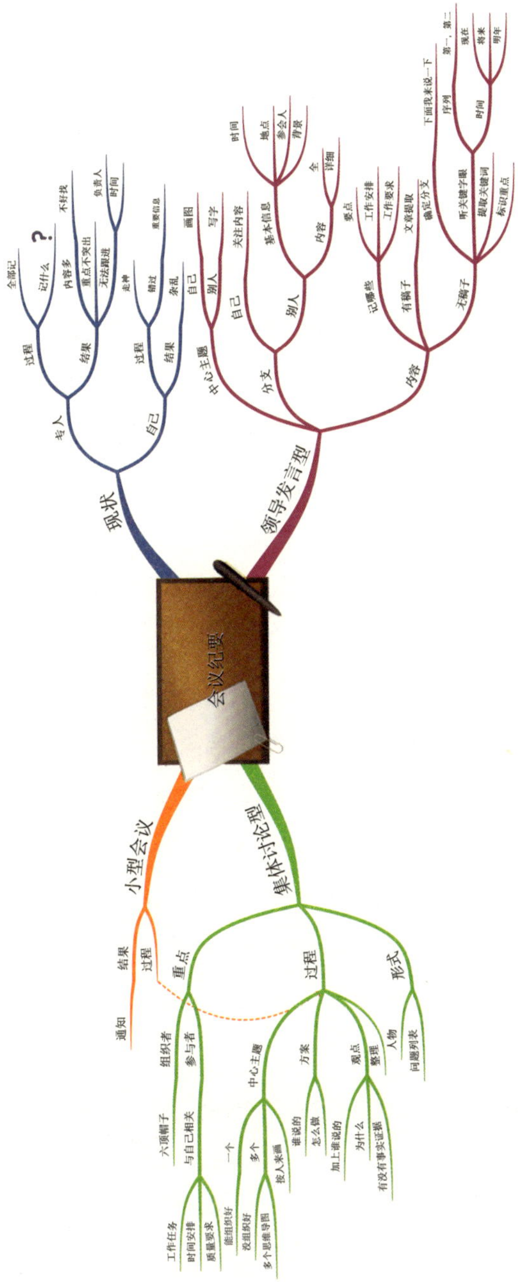
会议纪要
现状
专人
过程
全部记
记什么
结果
内容多
重点不突出
无法跟进
不好找
负责人
时间
自己
过程
走神
错过
结果
杂乱
重要信息
领导发言型
中心主题
自己
别人
画图
写字
分支
自己
关注内容
别人
基本信息
时间
地点
参会人
背景
内容
全
详细
要点
内容
记哪些
工作安排
工作要求
有稿子
文章提取
确定分支
无稿子
听关键字眼
下面我来说一下
序列
第一、第二
时间
现在
将来
明年
提取关键词
标识重点
小型会议
结果
通知
过程
集体讨论型
重点
组织者
六顶帽子
参与者
与自己相关
工作任务
时间安排
质量要求
过程
中心主题
一个
能组织好
多个
没组织好
按人来画
多个思维导图
方案
谁说的
怎么做
加上谁说的
观点
为什么
整理
有没有事实证据
人物
形式
问题列表

项目思维——如何用思维导图做项目管理

项目汇报可以用思维导图，而在项目管理的过程中也可以用思维导图。用思维导图来进行项目管理，需要用到之前介绍的 5W1H 思维模式，5W 分别是指 What、Who、When、Where、Why，1H 是指 How，用在分析具体的一件事上，能够启发思路，让思路条理化，从而全面地考量。5 个 W 也不是全部都要的，根据实际项目来选择。按照这个思维模式的引导，能够明确项目的每个模块、每个时间节点、每个负责人，所以管理起来比较直观方便。

现在要开发一个新的手机 App，类似于淘宝，功能还是比较多的，所以需要先按不同阶段来划分。要开发一个手机 App，至少需要分为产品的规划和需求分析阶段，然后是开发阶段，最后还有一个测试阶段，即保证质量的阶段。不同阶段建议分开画，每个阶段单独一张导图，都放到一起内容会比较多，不方便查看。接着不同阶段再按不同的模块来划分分支。淘宝的功能从登录开始，到商品展示，再到购物车、结算、购买记录等，这样看起来会比纯文字的清晰一些。如果一个模块比较大，还是由很多人来做，可以继续按不同功能来划分。最终目的是一张图就能看到项目的所有内容，以便从整体上把控。

接着需要对每个模块分别用 5W1H 来进行分析，让它更明确具体。拿开发阶段的登录模块举例。

项目模块

What，是指这件事情的具体内容。表面上看登录只需要简单的用户名、密码，再点击登录就可以了。实际上登录后，可以获取用户的浏览记录、购买记录等，通过这些可以分析用户的喜好，给用户推荐商品，从而提高购买率，这算是隐性的功能。所以，进行项目管理，不要只看表面的要求，还要深入考虑，提前想好，减少返工。

明确具体内容

Who，是指参与这件事的人。一个项目是由很多人共同来完成的，不同模块会由不同人来负责开发，甚至一个模块也会由几个人来共同完成，所以需要明确这些人，遇到问题可以快速找到。明确负责人，找到对的人，可以提高沟通效率。登录后，别的模块需要判断是不是登录了。这个数据如何传输，什么时候传输，就可以直接找对应模块的负责人沟通。遇到解决不了的问题，还可以直接找项目负责人来解决。项目负责人可以单独列出，不需要在每个模块分支后都列出。

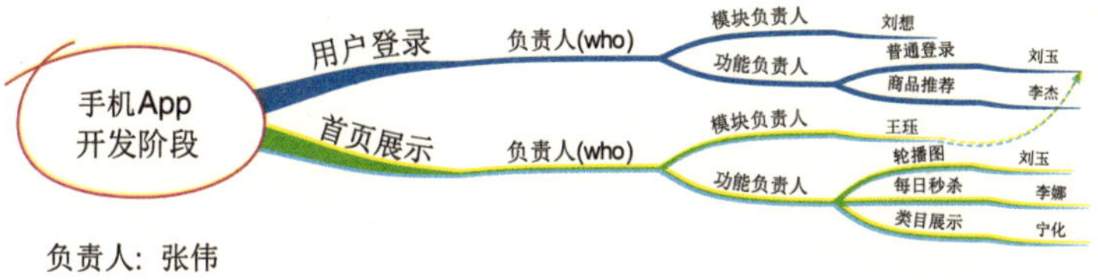

明确负责人

When，是指时间。你准备什么时候开始做，又计划什么时候结束。整个项目有开始时间和结束时间，为了保证能够按时完成，拆解后每个模块也有对应的开始时间和结束时间。而且有的模块之间有关联，一个开始需要在另一个结束后才行，这就需要明确时间，标明关系，这样才好管理。登录模块是最先开始的，其他模块都要用到它的数据，为了不影响整体进度，所以有个最晚结束时间。

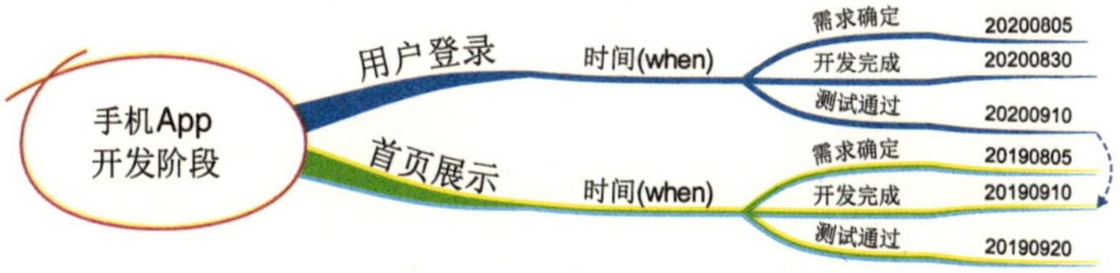

明确时间

Where，是指地点空间。大部分的工作都是在公司办公室里完成的，所以这不是必需的，可以直接省去。除非是一些特殊的工作内容，比如要出差或拜访客户，要在特定的地点才能完成。

Why，是原因，为什么要做这件事。为什么要让用户登录？因为登录了可以保存他的收货地址、订单记录等，不登录则无法区分不同用户，还有刚才说的，可以根据他的浏览记录推荐商品。在项目中，有时候经常做的人都不明白为什么要做这个，明确原因有助于明确目标。

How，是指怎么做。做任何工作之前，都要先有大概的做法，不要什么都没想好就直接开始，这样的效率是比较差的。登录准备怎么做，怎么区分同名的用户，密码如何加密等，先想好这些再开始。

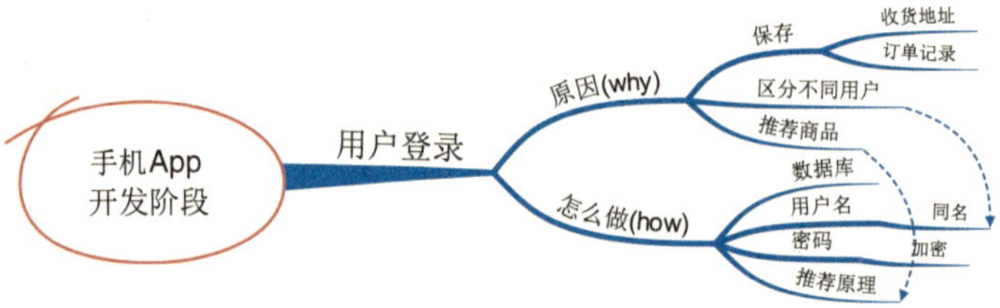

明确原因和做法

按这六个方面分析下来，一个简单的工作内容看着也不简单了，但是工作更加清晰了，通过一张图就能知道整个项目的整体情况。

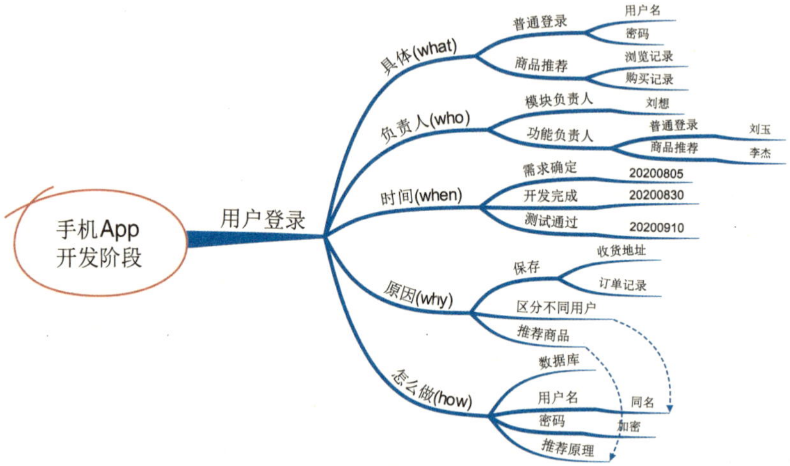

整体情况

这是在项目开始之前需要画的，接着在项目进行时，仍然可以用思维导图来把控整体进度。在执行过程中，建议用敏捷的方式来进行，就是要多沟通，比如通过站立会议来进行。每天上班后，先组织一次小型会议，时间限定在 10 分钟左右。先来看看昨天每个人完成了什么，最终结果如何，有什么问题，再来明确今天要做什么。然后散会，开始各做各的。

开会的过程中，主要关注的是进度和问题这两方面，可以把这些在导图上标出。让每个人说出自己负责的模块进度，能否按时完成。遇到的问题也是分模块来说明。说出来的问题，当下能解决的就直接解决，解决不了的就明确一下该找谁，然后私下解决，明天会议中再明确一下问题解决得如何。

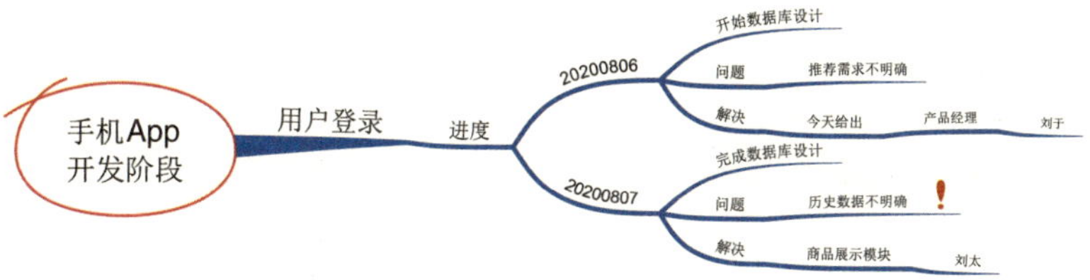

明确每日进度

每天的会议都可以这样进行。比较重要的问题，或者关键的进度，可以用一些符号标出，相互有影响的进度可以用连接线画出，这样一张总的项目管理导图也就完成了。用这张图来进行项目管理就会更直接。

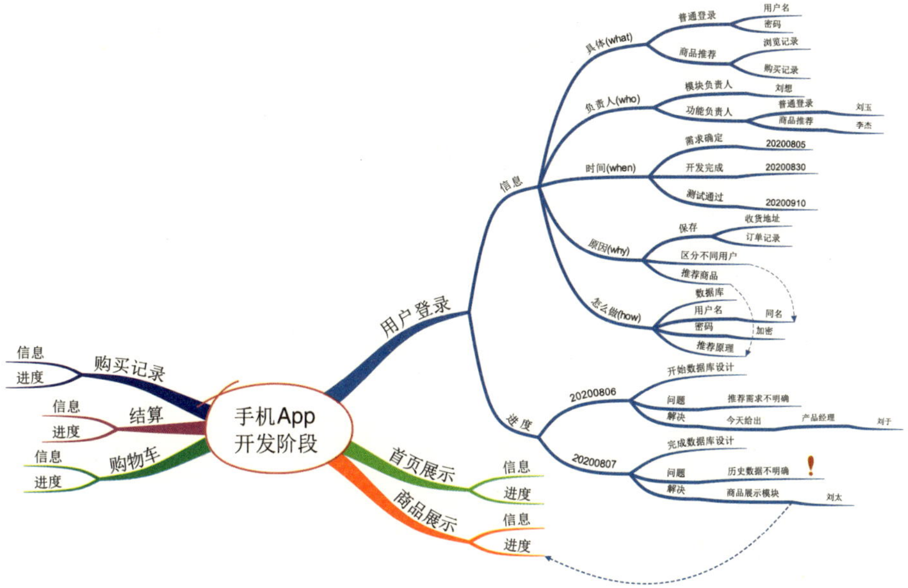

项目管理导图

本节练习：

参照下方模板，列出当前的工作进度。

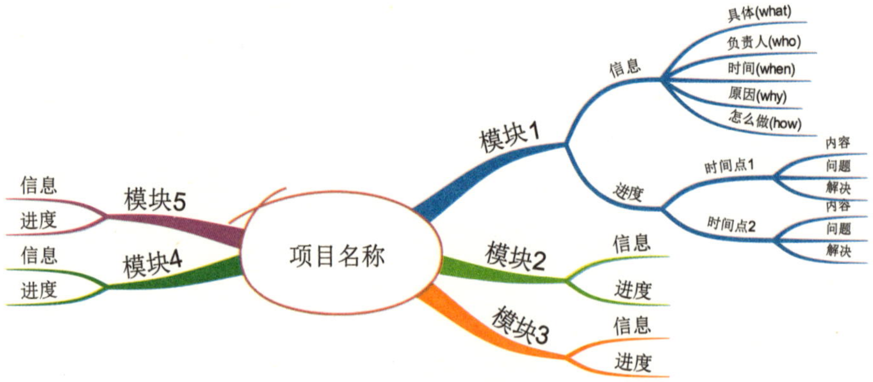

本节导图：

报告总结——如何用思维导图做工作报告

每到年底，很多公司都会让员工写年度工作报告，总结这一年的工作情况。有的是提交文档就可以，有的还需要向领导汇报，不管是写文档还是汇报，前期都可以和项目汇报一样，先用思维导图来厘清思路。

这类报告一般包含四部分：首先是概括，先概括一下你在本公司工作多长时间、对公司的印象、对同事领导的印象等；其次说明今年的工作情况，取得了哪些成就，有哪些做得不好的地方；再次说明明年的工作计划；最后再来个总结就完成了。用思维导图来做工作报告，可以先把这四部分作为一级分支画出来，搭好框架。有了框架再来对每个分支进行细化。

工作报告内容

概括部分就是说一说在本公司工作了多长时间，对公司、同事和领导的印象，要多说好话，充分表达自己对公司的认可。这部分不需要花太多时间，用最短的话和文字说明即可。

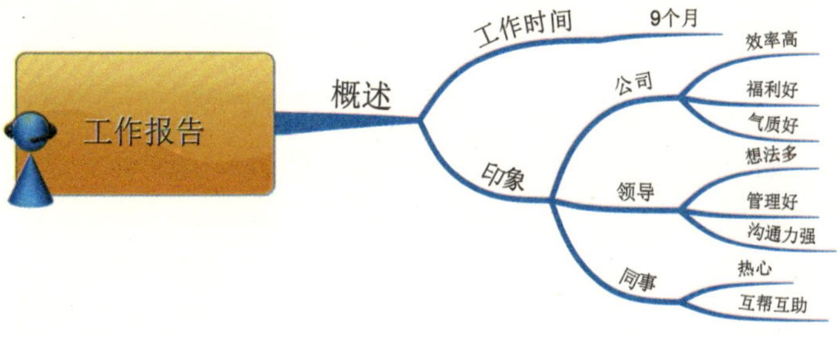

工作概述

重点是总结今年的工作情况。这部分是关键，可能会影响年终奖的多少。

先把自己这一年参与的所有工作项目都列出来，不管是好是坏。接着把每个项目按这几方面来分析。最终结果：这个项目最终的结果是什么，最好用数字来说明；好的地方：这个项目有什么地方是做得比较好的；存在的问题：如果这个项目的最终结果不怎么好，找一下原因，如果这个项目的最终结果是好的，可以不写；改进的地方：针对存在问题的项目给出一些解决方案，没有问题的，可以再写写如何让项目“更上一层楼”；学到了什么：从这个项目中你学到了什么？不管是失败的经历还是成功的经历，都会有一些自己学习的东西。

比如今年自己参与了新版首页的项目，这个项目最终实现了新增用户 300 万，而且提高了用户购买率；这个项目的优点是团队合作，相互配合得很默契，没有出现出了问题没人管的情况；存在的问题是前期需要不太明确：建议后续项目在前期就明确需求，这样可以减少重复返工的情况；自己从这个项目中学到了用思维导图来管理项目的新思路和新方法。

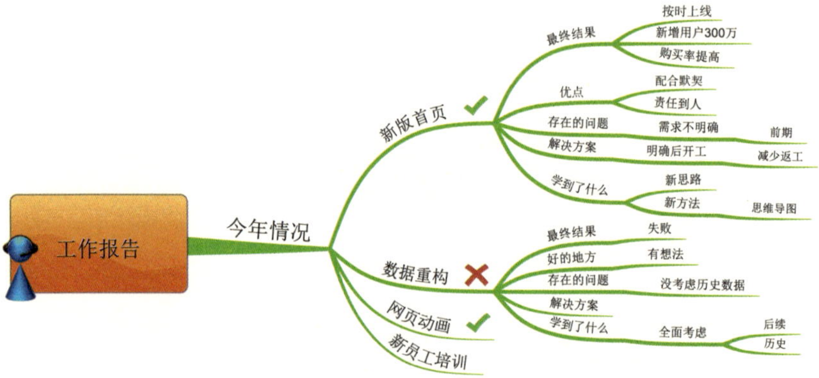

项目分析

每个项目都要这样分析，最后来看结果。如果这个项目很成功，问题也不多，就保留下来，做报告时多说多写；如果这个项目是失败的，就删除或者一笔带过吧。如果项目很多，同样建议只选取 3 个最有代表性的来说，说太多会混乱，而且说多了也没人会仔细听，所以我们只选择 3 个能突出自己工作能力的项目来说。

说完了今年的工作情况，接着要看看明年的工作计划。明年的工作计划总的方向是和公司战略一致的。明年公司要继续提高新产品的市场占有率，自己的工作计划就围绕这个来进行。如果知道明年的具体安排当然是好的，列一下工作安排，不需要很详细，写到月份，几月要做什么就可以了；如果不知道明年的具体安排，就写一下目标，比如将市场占有率再提高多少。

明年计划

最后再总结一下自己的发言，一共参与了多少个项目，完成了多少，再表明决心，自己要继续努力，并感谢相关人员，这样一个年度工作报告就整理得差不多了。

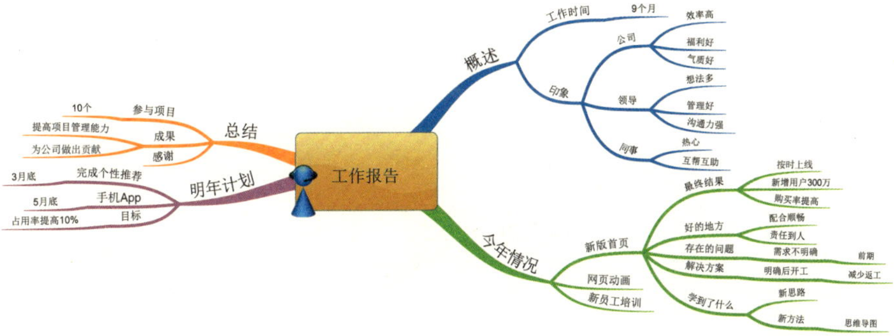

工作报告思路

如果是口头汇报，可以直接拿着这张思维导图来进行；如果是正式的汇报，可以按这张思维导图的思路整理成 PPT。建议 PPT 上不要有太多的文字，多用图表来表示，市场占有率用一张图比写几段文字清楚得多。如果不需要汇报，只要提交文档就行，那这张思维导图就是文档的大纲，有了大纲，写内容就比较容易了。还是建议用图表配合文字，建议重点部分用不同的字体颜色来突出。

这样领导扫一眼就能知道你今年完成了哪些项目，明年准备怎么做。逻辑是比较清晰、直观的。

本节练习：

参照下方模板，用思维导图回顾一年的工作情况。

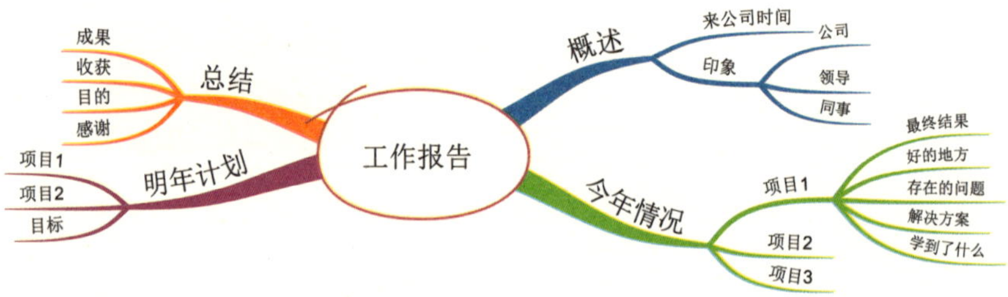

本节导图：

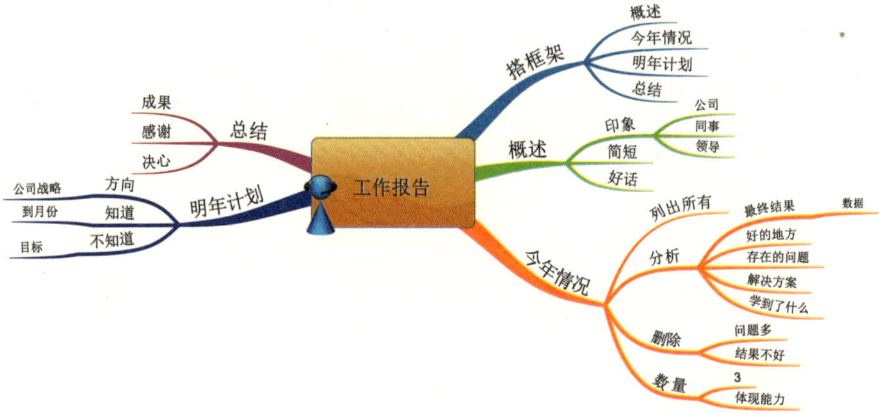

第六章

面对海量信息，快速抓取重点

阅读层次——为什么要改变阅读速度

阅读伴随着人的一生，从小时候通过识字卡把事物与文字进行连接；到进入学校后每天面对文字；再到工作后，每天接触各种邮件、合同等文字资料，可以说阅读无处不在。

现在是一个信息大爆炸的社会，人们每天接触的文字信息越来越多，如果还采用传统的阅读方法，是要占用很多时间的。现在可以打开你的手机来看一下，你关注了多少个公众号？有多少个是看过的？收集了多少资料？这些资料又有多少是真正看完的？还有“双 11”买的书，堆得满满的，又有几本是真正看过的？人每天的时间和精力都是有限的，大部分被工作所占用，留给阅读的时间越来越少，怎么在有限的时间里获取更多的信息，这就需要掌握快速阅读的方法。

先来对比普通阅读和快速阅读的区别，看看你属于哪种。

首先是选择阅读内容，普通阅读是没有目的、很随意的。听别人说某本书好，那我就去看；看到某个公众号的二维码，就扫描关注；看到某个资料，感觉会有用，就先收集起来。这些只会让需要阅读的内容越来越多，却不管是不是自己需要的。而快速阅读在选择内容上非常有目的性，会按自己的需求来。这段时间要学习思维导图，就只看思维导图方面的内容。

其次在阅读过程中，普通阅读的速度是很慢的，一本书翻来翻去，可能每次都只看前几页，一个月过去了，还没看完；阅读时喜欢逐字逐句地读，所有的内容都要看，没有重点之分；看完了好像有点印象，但具体是什么又说不上来。而快速阅读在阅读的过程中同样目的性很强，会跳跃式地阅读，有可能这一章节对自己没用，就直接跳过了，只有对自己有用的内容才会逐字逐句地读，而且在阅读的过程中会提炼重点，方便记忆和回顾。

最后是读完后，普通阅读读完就没有后续了，一本书读完就扔一边不管了，等再用到时才会找出来重新读。而快速阅读在读完后会做一些回顾总结，做一些笔记，并对笔记进行整理归类，这样后续可以根据笔记来回顾这本书，不需要再全部重新读。

说到快速阅读，很多人担心速度加快，会不会理解跟不上。其实速度和理解是同步的。来看一下这句话：

快速阅读不只是速度快，而是在加快速度的同时，眼脑并用，激发大脑，提高理解力。

普通阅读	快速阅读
· 没目的 · 没重点 · 逐字逐句 · 没回顾总结	· 目的性强 · 只看重点 · 跳跃式 · 做笔记 · 整理归类

普通阅读与快速阅读的区别

普通的阅读都是先按标点符号断开，然后按词组断开来进行阅读。

快速阅读 | 不只是 | 速度快 |，而是在 | 加快 | 速度的 | 同时 |，眼脑并用 |，激发大脑 |，提高 | 理解力。

这样断开的次数是比较多的，想要理解，需要先理解“不只是”“而是”“同时”这些词组的前后信息，然后合到一起才能理解整句话。而快速阅读是按整句来断开，从头扫到尾，中间不需要断开，这样断开的次数没有那么多，所以速度比较快。阅读过程中只注意关键词，找到“同时”后面的信息，理解了“眼脑并用”“激发大脑”就能理解这句话的意思。

想要达到真正的快速阅读需要经历系统化的学习和锻炼，要锻炼加快眼睛的速度，改变阅读的习惯，加快闪现的能力等，这些是比较复杂的。我们不去锻炼这些，通过用思维导图来引导改变阅读的步骤，也能提高阅读速度。而且用思维导图来进行阅读是一个双向的过程，不只是简单地复制作者的思想，还可以加上一些自己的理解，和自己已知的知识联系起来，这样的阅读学习才更有效果。比如关于思维导图，你之前知道哪些，看完本书又知道哪些，看完下一本书又知道哪些，这些都是可以通过思维导图联系起来的，不只限于这本书，而是扩展整个知识体系，形成一个综合思维的过程。

用思维导图来进行阅读分为五个层次：第一个层次是看到什么，指书中的知识点；第二个层次是联想到什么，根据书中的知识点，你又可以想到哪些；第三个层次是检视到什么，有可能这本书中的观点和你之前已知的观点是相互矛盾的，通过论证，就能知道自己之前的认知是不是错误的；第四个层次是收获了什么，这本书改正了自己的错误认知，让自己知道了更多；第五个层次是应用到哪儿，学到的最好能用上，可以想想这些知识点能用到哪儿。

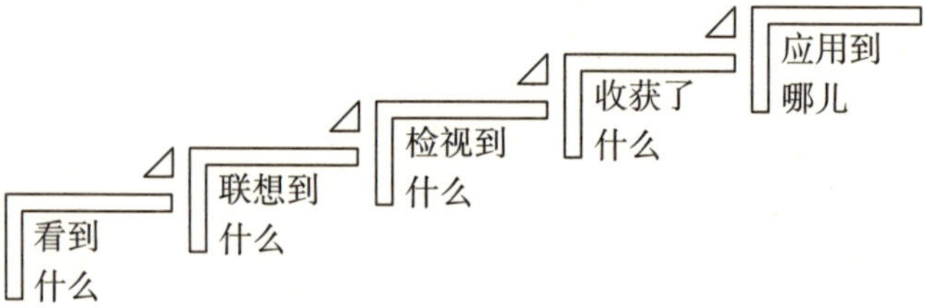

阅读层次

你现在的阅读是在哪个层次呢？大部分人应该是停留在第一个层次上。接下来的章节，我们用思维导图来让层次更进一步，并且也实现快速阅读。

本节练习：

1. 回顾你近一个月看完了几本书？关于书的内容还记得多少？
2. 统计自己阅读 1000 字需要多长时间。

本节导图：

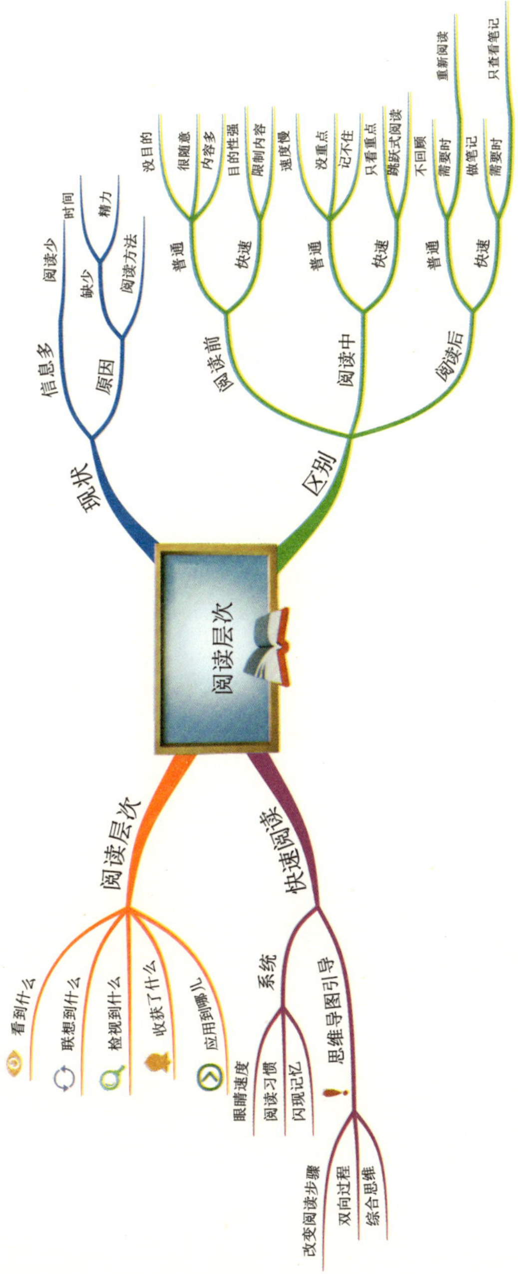
阅读层次
现状
信息多
阅读少
原因
缺少
时间
精力
阅读方法
区别
阅读前
普通
没目的
很随意
内容多
快速
目的性强
限制内容
速度慢
阅读中
普通
没重点
记不住
快速
只看重点
跳跃式阅读
阅读后
普通
不回顾
需要时
重新阅读
快速
做笔记
需要时
只查看笔记
阅读层次
看到什么
联想到什么
检视到什么
收获了什么
应用到哪儿
快速阅读
系统
眼睛速度
阅读习惯
闪现记忆
思维导图引导
改变阅读步骤
双向过程
综合思维

阅读之道——如何用思维导图实现高效阅读

要改变阅读习惯，实现快速阅读，关键是要学会如何浏览。通过浏览能够掌握这本书的重点是什么，了解这本书的难易程度，根据这些才能够更好地分配自己的阅读时间和内容，知道哪一部分需要仔细读，哪一部分大概翻一翻就行。

现在一本书能有20%是有用的就非常不错了，其他80%基本上是没用的，通过浏览找到那20%，也就是真正需要掌握的重点，就能减轻一些压力。看到一本有些厚的书，就会感觉有压力。这么多，什么时候才能读完？但找到那20%，发现也就几章节，不需要全部从头读到尾，心理上会有变化，也就愿意去读了。这种方式也能增加考试分数，这其实就是找到重点的过程。学习时间紧张，集中在重点部分，其他的大致有点印象就可以了，这样考试分数也能提高一些。想在有限的时间内全部看完，全部记住，结果可能是什么也没记住。

要浏览，首先是浏览目录，知道书的结构，同时通过浏览目录来确认这本书的重点。浏览后可以用思维导图按目录把书的框架搭出来，并把自己认为的重点标出来。通过浏览本书的目录，可以知道一共分为九个章节，第一章节是基础知识，后续章节分别是工作、学习、生活等方面的应用。如果自己之前了解过思维导图，也知道怎么画，现在只是想看在学习上如何具体应用，那第一章节就不是重点，可以大体看一看，对自己之前的知识进行补充，而第六、七、八章节都是关于学习的，这就是需要自己重点看的。如果你是想重点看工作上的应用，那第三、四、五章节就是你的重点。同一本书，不同的人看重点会不一样，所以在阅读一本书之前，先要明确自己阅读的目的，通过看这本书，你是只想知道它的原理，还是要学会怎么用？目的不同，关心的重点也就不一样。

目录结构

接着快速地浏览整本书，不是看具体内容，而是看一些目录中没有的标题、图表，还有一些不同颜色、不同字体的字。有的书会用粗体和带颜色的字来突出重点。通过浏览这些，能够更全面地了解书的重点，扩展刚才只看目录了解的东西。比如本书的第一章第二节，只看目录并不清楚思维导图的六大原则是哪些，通过浏览字体，可以知道具体内容。本来觉得六大原则和自己无关，不需要仔细去读，浏览了一下发现其中有个关于图像图标的原则，自己之前没关注过，都是随意画的，就需要仔细看一下，看看具体原则是指哪些。这部分也就成了自己的重点。这些也要在刚才的思维导图上补充标明。

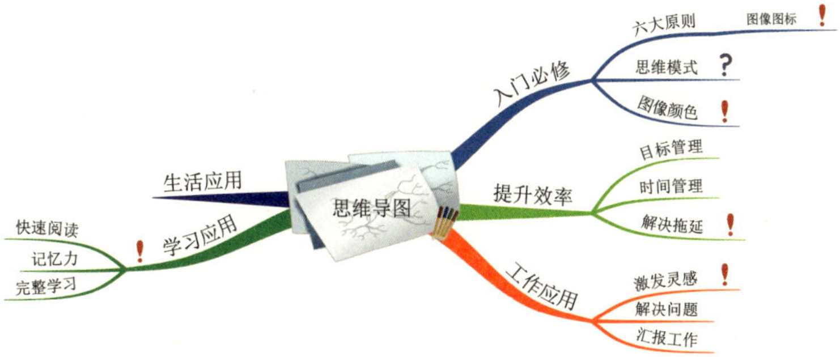

调整重点

在浏览整本书的过程中遇到不懂的、不太理解的，可以先在书上标出来，然后继续向后看，不要停下来。为什么现在的阅读速度很慢？就是因为很多人遇到不懂的就会停下来，非要把这块儿弄明白才继续。这其实是不必要的，因为有些不懂的地方，继续读下去，在后面它会有解释说明或者一些例子，读完后面的部分，也就能理解前面的。所以遇到不懂的地方先标出来，不要停下来，先要快速地把这本书浏览完。像本书第一章第五节介绍的一些思维模式，只是介绍了大体思路，没有应用实例，一开始看可能不好理解，但看了后续的应用实例后，回过头来再看就能理解了。

浏览的过程中可以随时在思维导图上调整重点。除了根据自己关心的来画重点，还可以根据作者的提示来标注重点。有的书在每一章节的开头或者结尾会有一些总结，说明本章节有哪些内容，这些就是作者认为的重点。根据这些，对照自己的重点来看一下，如果有不理解的，也可以标明为重点。如果是考试类的书，还可以根据老师说的和考试大纲来确定重点，把这些重点都标出来。

画完这些，接下来需要再次浏览。这次浏览不是看整本书，而是只浏览刚才自己标出来的重点部分，非重点的先不看。通过浏览，要对这部分内容形成一个整体上的概念，看看它分为哪几部分，按自己的理解画到思维导图上。第六、七、八章节都是关于学习的，第六章节说的是快速阅读，第七章节说的是关于记忆，第八章节说的是学习过程中如何做课堂笔记、复习备考等。这是整体的内容，具体到第六章节又分为为什么要快速阅读，如何实现快速阅读，如何提高理解力，还有如何用思维导图做读书笔记。为什么要快速阅读之前就知道了，所以这部分大体看看就行，自己现在想知道的是快速阅读的同时如何加强理解力。还有就是用思维导图做出来的笔记，字那么少，会不会只看笔记想不起书中的内容。这是自己的疑问，也是自己需要解决的。

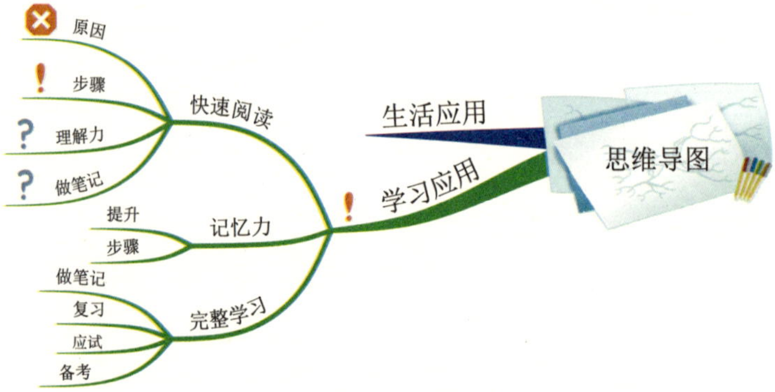

提出疑问

接下来带着刚才的疑问和不理解仔细去读，一次不懂，就多读几次，直到理解并解决自己的疑问。有时这本书解决不了自己的疑问，还需要查看别的资料来解决，这就是知识扩展的一个过程。在读的同时，还需要提取关键词，把关键词放到思维导图上，这其实就是做读书笔记的一个过程。扩展的部分也需要画上去。

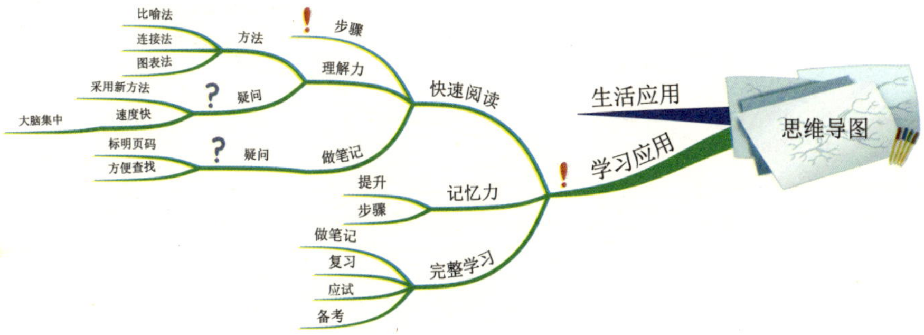

仔细读解决疑问

仔细读完了，笔记也做完了，接下来需要检视自己的学习目标有没有达成。一开始就是想知道思维导图在学习中的应用，现在读完了，有没有解决你的问题？通过检视，可以再次回顾。另外，还可以和作者对话，想一想他这么写的目的是什么，和你的理解有什么不同，可以把自己理解的过程加到思维导图上，这也是扩展的过程。还可以把自己之前知道的一些也加上去，再次扩展，最终形成一张完整的思维导图。自己之前一直认为快速阅读要看整本书，只不过看的时候眼睛的速度快了。现在这本书上说的快速阅读不是去锻炼眼睛的速度，而是去找书中的重点，只看重点部分，其他的先不看。为什么要这样？因为锻炼眼睛的速度需要经过系统的练习，一般人很难达到，但通过浏览来找重点，这是大部分人比较容易做到的。而且很多书真正有用的内容确实不多。通过这样的对话，也能加深自己的理解。

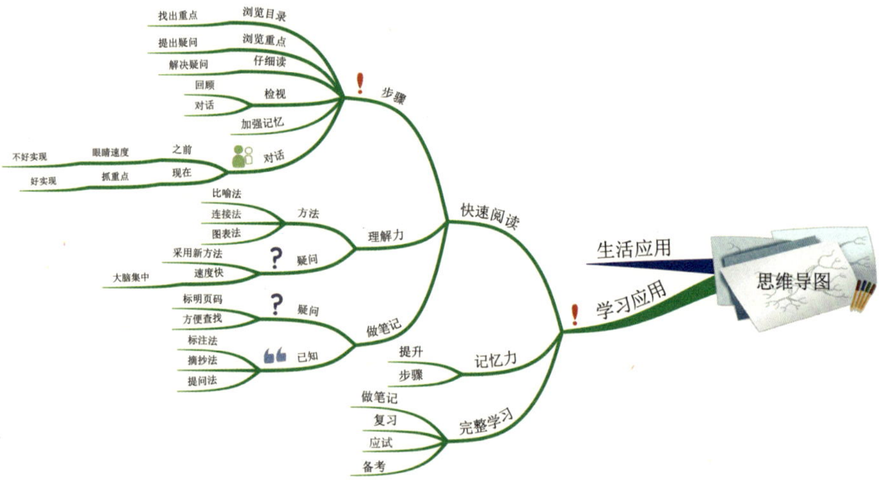

知识扩展

最后如果有需要记忆的内容，还可以进一步强化记忆。刚才是边读边画，画了一张思维导图，现在需要加强记忆，可以再画一张。这次画完全凭记忆，不翻书，也不看刚才画的导图。画完后再和之前画的对比，看看遗漏了哪块，遗漏的部分就是你需要重点去记的，其他的能画出来说明已经记住了。关于记忆的内容我们下一章再详细说明。

通过这几步，一个快速阅读的过程就完成了。

本节练习：

拿出一本书，参照下方模板进行快速阅读，列出该书的重点内容。

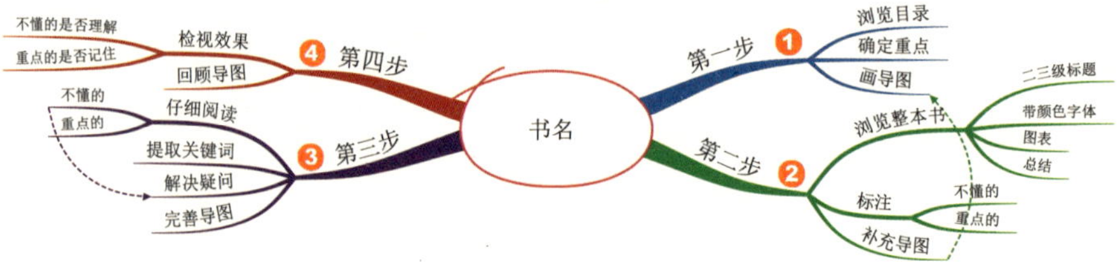

本节导图：

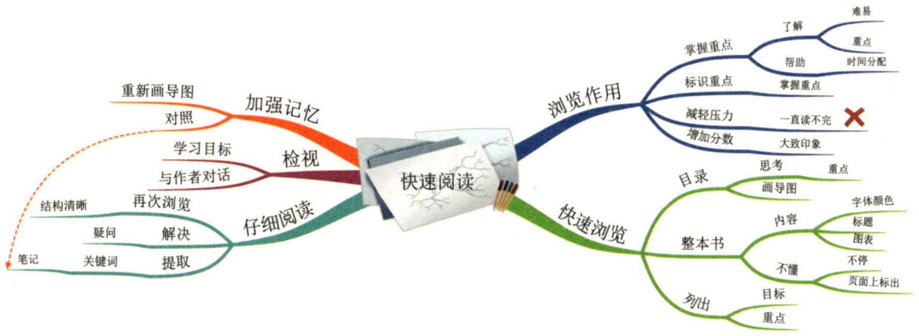
快速阅读
浏览作用
掌握重点
了解
难易
重点
帮助
时间分配
标识重点
掌握重点
减轻压力
一直读不完
增加分数
大致印象
快速浏览
目录
思考
重点
画导图
整本书
内容
字体颜色
标题
图表
不懂
不停
页面上标出
列出
目标
重点
加强记忆
重新画导图
对照
检视
学习目标
与作者对话
仔细阅读
再次浏览
结构清晰
解决
疑问
提取
关键词
笔记

深度理解——如何用思维导图提高阅读理解力

说完了如何实现快速阅读，接下来看如何提高阅读理解力。当接触到一个新的知识点时如何快速理解，本节介绍 3 个常用的方法，同样可以用思维导图来进行引导。

先来介绍比喻法，就是通过想象一个画面，把文字性的东西转成图像的形式来进行理解和记忆。这个方法比较适合应用在一些抽象的概念上。

比喻法首先要确定信息，确定要把哪个概念转成图像；其次是寻找相似的东西，现实中什么东西和这个概念有相似的地方；最后进行一些重复优化，看看有没有更好的比喻。这里建议优先选择自己大脑中第一个出现的画面，第一个想到的是什么，就用它来进行比喻，因为第一个出现在脑海中的是印象最深的。

让我们来看下面关于计算机堆栈的概念：

堆栈是一种数据项，按序列排的数据结构，只能在一端对数据项进行插入和删除。堆栈中的物体具有的一个特色就是后进先出的队列。

这样一个概念，没接触过计算机知识的人不太好理解，这就可以采用比喻法来进行。先来看一下它主要说了什么？一是“只能在一端进行插入和删除”，二是“后进先出”。想想在日常生活中，什么东西只能操作一端，而且是后进先出的？想想自己的衣柜，是不是也是这样？堆了一堆衣服，要拿最下面的，必须先把上面的拿走；而最上面的衣服可以直接拿，这不就是后进先出吗？最后放进去的衣服可以最先拿出来，而且可以继续在最上面放新的衣服，这就和堆栈的操作相似。有了这样一个拿衣服的画面，理解起来是不是容易一点？

比喻法

遇到比较抽象的知识点，可以把自己想到的画面画到思维导图上，后续如果想到更好的比喻，可以重新画一下，进一步加深理解。而遇到比较具体的概念，就可以用连接法来加深理解。

连接法是将你不熟悉的知识，也就是你在阅读过程中接收的新知识，和你之前已经知道的知识之间建立一座桥梁，把两者放到一起，将它们的相同点和不同点分别列出来进行对比。经过对比，能够更加全面深入地理解新的知识。

学历史经常需要记住很多名人，之前已经了解了孔子的历史，现在又看到庄子，这就可以运用连接法，将孔子和庄子进行比较。孔子和庄子的相同点是什么？他们都是思想家；他们的不同点是什么？一个是儒家的，一个是道家的，还有孔子被称为教育家，而庄子没有被称为教育家，而被称为哲学家和文学家。这样对比，是不是对孔子和庄子这两个人的理解更深了？因为他们有相同点，当你下次看到孔子的时候，就会想到庄子，这样在他们之间建立关联，记得也能比较久。

	相同	不同
庄子	思想家	道家 哲学家 文学家
孔子	思想家	儒家 教育家

连接法

接着来看图表法。图表法比较适合应用在一些偏技术的、专业的书籍上，比如计算机的书籍就大多是操作步骤；也适合应用在文字比较多的书籍上。图表法主要有两类，一类是知识网，另一类是流程图。

知识网就是将一大段的文字，通过重新整理归类，转化成图表或表格的形式来描述。前面说连接法，主要针对不同的知识点来进行，而知识网只限定在本知识点。

在阅读一些文章时，还会发现有时候会有很多步骤，各个步骤之间还有相互跳转的情况。这类文章如果只是看文字，不好从整体上来理解，但转成流程图就方便从整体上来理解了。

让我们来看下面这段话：

试用期满 3 个月后，员工申请转正，经直属领导同意后，转由人事部门审核，人事部门审核考勤和业绩达标后，下个月转正；如果直属领导不同意，须继续试用 1 个月后才能重新申请。试用不满 3 个月，可提交能力达标证明，申请提前转正。直属领导同意后交由上一级领导审核，两级领导都同意后转由人事部门审核，人事部门审核考勤和业绩达标后，下个月转正。

这段话主要介绍的是员工转正的过程，只看文字，确实不太好理解，而转成流程图，就比较直观了。

流程图大多用在项目管理上，可以把一件事情所有可能经历的步骤和情况列出来。要申请转正，申请不通过怎么办？申请通过了，又该怎么做？这些都可以用流程图很好地表达。流程图在画的时候有一些要求，不同形状的图形代表不同的意思，刚开始只要记住用菱形来表示不同的情况，用方形来表示步骤，其他的可以先不管，想怎么画都行，熟悉了以后再按要求画。

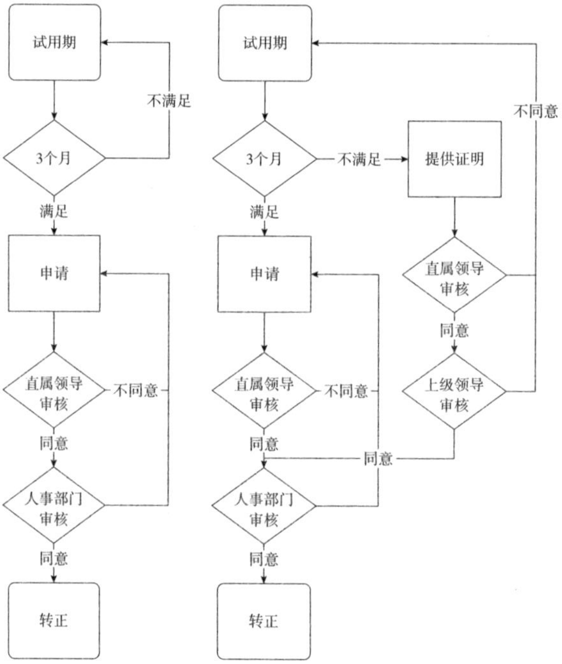

流程图

先来画第一句。第一句是说试用期满 3 个月后的操作步骤，里面涉及两种情况，一种是领导同意了怎么办，另一种是领导不同意又怎么办。这就需要用一个菱形来表示，画出两个分支。如果同意就转交给人事部门，不同意就继续试用，重新申请。这一张图就能表达这段话的意思。

接下来看第二句。第二句是说不满 3 个月的情况，不满 3 个月需要提交证明，提交给直属领导后，又有两种情况，同意或不同意，再加个菱形来表达。这样最终的流程就明确了，不需要看文字，直接顺着图来看，就知道怎么操作，遇到什么情况该怎么处理。

这三种加强理解的方法同样可以在思维导图上画出，不过在思维导图还用得不熟练时，建议单独画出表格和流程表来进行理解，多练习，熟练后再在思维导图上直接画。刚开始速度会慢一些，慢慢地养成习惯，这样在提高速度的同时理解也能快不少。

本节练习：

1. 请用比喻法来理解什么叫双核电脑。

双核电脑简单来说就是具有双 CPU 的电脑。单 CPU 电脑在运行单一任务时，只有一个核心部件能运算，在处理多任务时，一般是时间分段处理，双核则可以同时处理。这样，工作效率就能成倍增加。

2. 请用连接法来理解什么是区块链。

区块链是一种按照时间顺序将数据区块以顺序相连的方式组合成的一种链式数据结构，并以密码学方式保证的不可篡改和不可伪造的分布式账本。

本节导图：

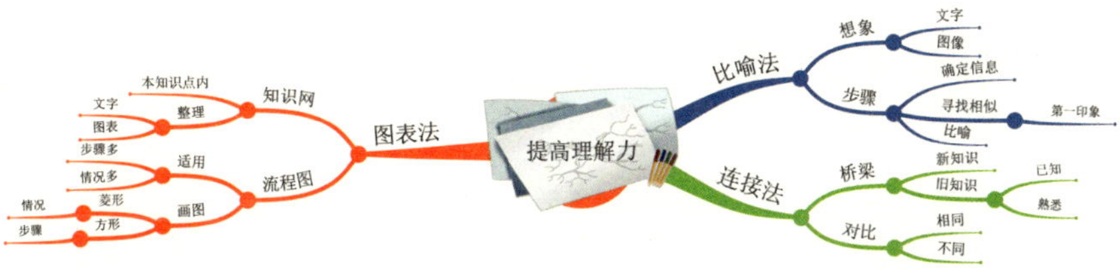

读书之道——如何用思维导图完成读书笔记

为了方便回顾和复习，阅读时最好做一些笔记，用来概括书中的内容。现在常见的做笔记方式有两种：一种是直接在书上画，把重点标出来，加些批注等；另一种是拿本子来写读书笔记，摘抄一些书中的话，加上自己的理解和总结。这两种笔记回顾起来都比较费时间，查找一些知识点也不方便，还得从头到尾读一遍才能找到，而且不好记忆，因为还是一堆文字。另外，这样做笔记的方式，完全没有自己的思路，都是一味地接受知识，书上说什么就是什么，这样下去思维很容易僵化。

阅读和学习都应该带着怀疑的态度来进行，特别是现在真正好的、有思想的书并不多。同时阅读和学习应该系统化，要把不同书之间的知识关联起来，这本书是怎么说的，另一本是怎么说的，它们之间是相互矛盾的，还是相互补充扩展的。这些用传统的做读书笔记的方法不好体现，而思维导图可以引起更多的思考，并把知识关联起来。

用思维导图来做读书笔记有两种画法。一种是边读边画，就是和作者对话的一个过程。看到什么就把它画出来，同时联想一下，有点类似现在拆书的方法。采用这样的画法，一开始大部分人画不好，因为对书的内容没有一个大体的认识，分支该画多少，空间该怎么安排都不好确定，画出来的会比较混乱。另一种是读完这本书以后再来画。这里说的读，并不是说要仔细地读完每个章节，而是要大概地翻一遍。也就是采用快速阅读的方法先快速地翻一遍再来画。先读一遍，能够全面了解书的内容，也能知道它的重点在哪儿，哪几章节是书的核心。这样画的时候就能做到心中有数，分支怎么安排，哪部分该留多大空间也能提前知道，减少一些后面的修改。刚开始用思维导图做读书笔记，建议采用先读后画的方法。

用思维导图来做读书笔记，最关键的是如何画分支结构，能把分支结构画好，后续的内容就是提取书中的关键词，可以用第一章节介绍的提取关键词的方法来进行。分支结构最常见的画法就是按照书本的目录来画。

可以翻到本书的目录，从目录可以看出本书一共有九个章节，每一章又分为几个小节。可以先按照目录结构来画分支，一级分支是章节标题，二级分支是每个小节。这里要注意，不要直接把目录标题整句放上去，需要提取关键词或者按自己的理解概括一下。比如第一章标题是“入门必修：走进思维导图世界，了解核心理念”，可以提取为“入门必修”，或者是“基础知识”；第一节标题是“走进思维导图——手把手教你完成第一幅思维导图”，可以提取为“走进思维导图”或“了解导图”。

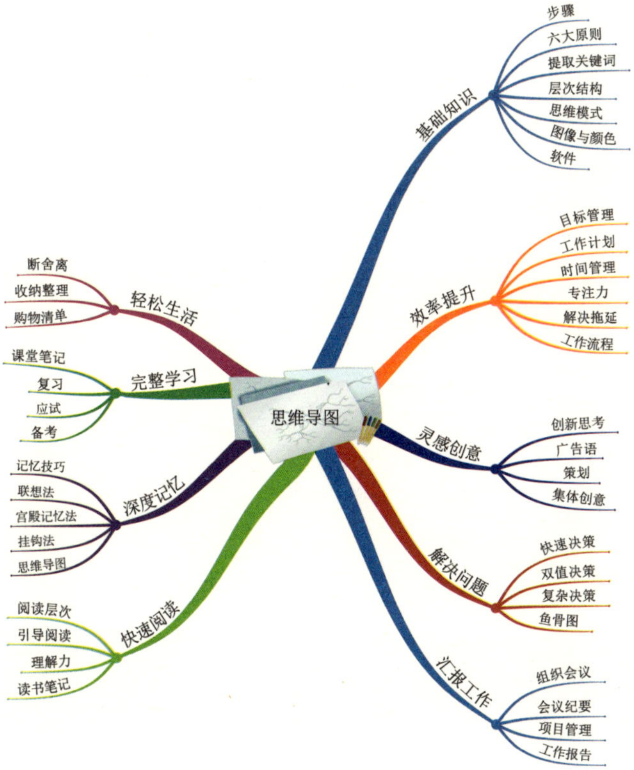

目录结构

参照目录把读书笔记的框架搭出来，接着通过阅读来填充内容。第一节主要介绍了画思维导图的步骤，第二节是思维导图的一些原则，把这些具体的内容提取或者概括出来。全部完成后，一本书的内容也就提炼得差不多了。

可以来整体看一下，通过这张思维导图，就可以看出这本书的结构是什么，包含哪些内容，一共九个部分，每一部分分别说了哪些东西。想要看哪部分，直接就能找到，不像传统的方法，还需要从头看一看才能找到，这是比较省事的。

通过目录来确定分支结构，建议刚开始用思维导图做笔记时先这样来画。但我们前面也说了，阅读不能只是把书的内容照抄下来，而应该有自己的思考和扩展，所以后续再做读书笔记，完全可以打破书中的目录结构，完全按自己的理解和需求来做。

比如本书的分支结构完全可以打乱，不按原有的目录来进行，可以重新排列一下，将下个分支重新整理归类为五个，将第三、四、五章归到工作应用分支上，这样可以让内容更集中一些，查找起来也比较方便。这也是快速阅读的方法，只看自己重点关注的，同时这也是用思维导图的好处，可以随时扩展，等后面有需要再加进来。

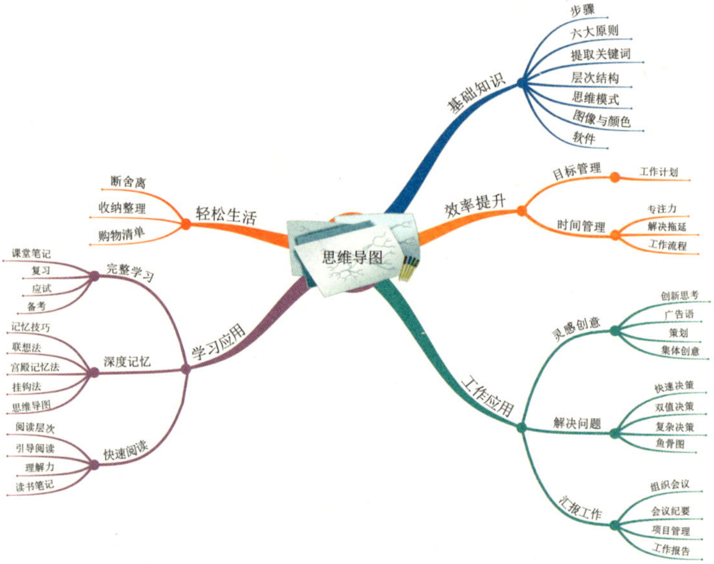

调整结构

如果书的内容是关于问题分析的，像一些议论文，可以采用 SWOT 思维模式来进行划分；如果是关于历史的，和时间联系比较紧密，可以按不同的时间点来划分；如果是功能性的书，像计算机类的，可操作性比较强的，可以按它的功能来进行划分，不同的功能画不同的分支。总之就是要打破书的结构，不按目录来，也算是打破自己的固化思维，可以按自己的需求来读。

到这一步还只是将书中的内容做好笔记，好的笔记需要有自己的理解并扩展，所以接下来继续完善笔记，可以采用 5W1H 的思维模式来进行引导。

Why 是目的，包括作者写这本书的目的和自己看这本书的目的。单列一个分支出来，明确目的，结合概括出来的内容，看看作者的目的和自己的目的有没有达到。作者的目的没达到是什么原因，自己的目的没达到又是什么原因。写本书是想让更多的人学会用思维导图，看了这么多，自己有没有学会？没学会就说明作者的目的没达到。自己看这本书的目的是学会在学习中的应用，但本书只写了阅读、记忆、做笔记、复习等方面，其中记忆的更多方法并没有展开，所以目的只完成了一部分，还需要继续看别的关于记忆的书。

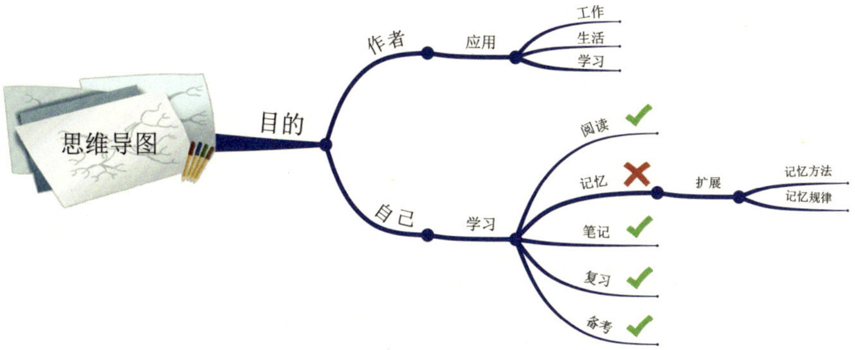

阅读目的

What 是书的内容，除了概括书中的内容，还要把自己已知的和扩展的内容加上去。之前对快速阅读已知的有如何加快眼睛速度，如何断句等，现在知道了如何提取重点，把这三个方法结合起来用，阅读速度会更快。

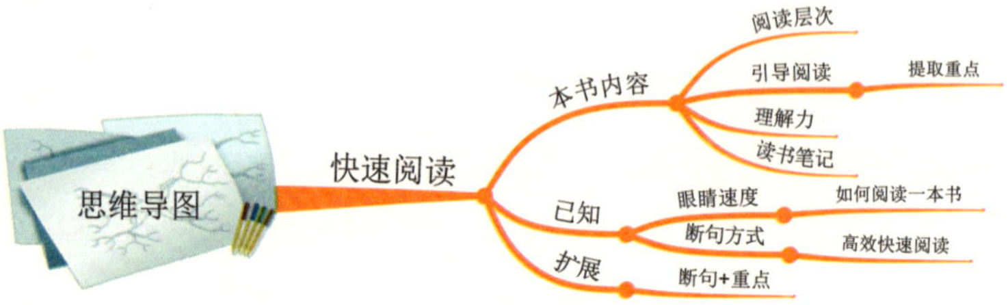

扩展内容

Who 是人物，如果书中的人物比较多，需要搞清楚人物之间的关系。另外，读完这本书后你觉得适合谁来读。

When 是时间，不只是指书中的时间，还指应用的时间，自己在什么情况下可以应用本书中的知识。

Where 是书中的地点和自己应用的地方。

本书中主要是使用方法，所以人物、时间和地点并不多。如果是小说类的，把这三方面搞清楚，小说的具体内容就掌握得差不多了。书中没有这三方面的，就想想书中所说的这些知识点、方法技巧等，什么人在什么时间和什么地点可以应用。看完快速阅读，知道这个方法比较适合上班族，因为看书的时间没有那么多。而且快速阅读最好是在安静的空间里进行，这样才能在读的同时进行理解，太杂乱的空间会受到很多影响，速度和理解都快不起来。

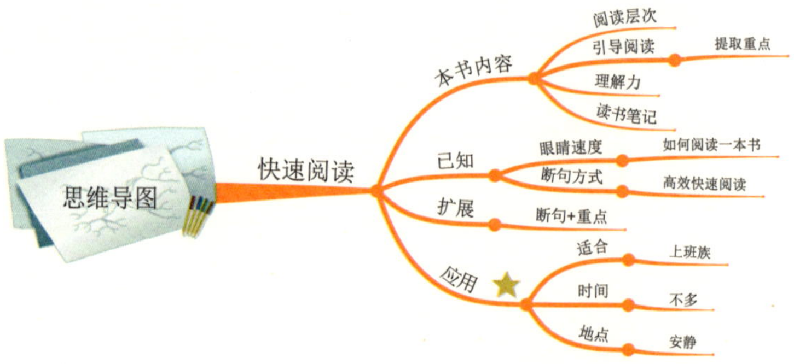

扩展应用

最后是 How，如果想学习写作方式，可以回想一下作者是如何描写某件事的，如果自己来描写会怎么写，这样对比可以学习写作方法；如果不想学习写作，就多想想自己准备怎么应用。学完了快速阅读，准备先去练习怎么断句，改变之前的阅读习惯，接着再按本书的方法提取重点，边提取边做好读书笔记，最后再从整体上进行扩展。这也是自己应用的步骤和计划。明确了这些，接着就可以去执行了，这样才能真正把所学的用起来。

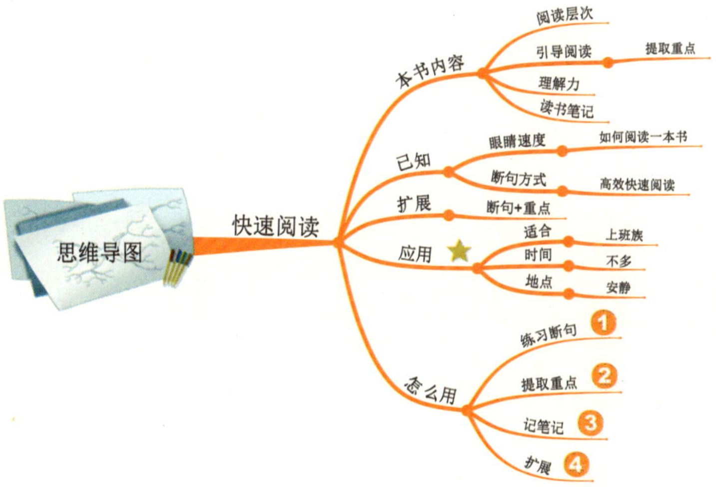

怎么用

通过这几方面的引导，可以引出更多的思考，从而不只限于书的内容，也算是阅读层次更进了一步。

本节练习：

1. 参照下方模板，选择一本书，通过提取标题的方法做一个简单的读书笔记。

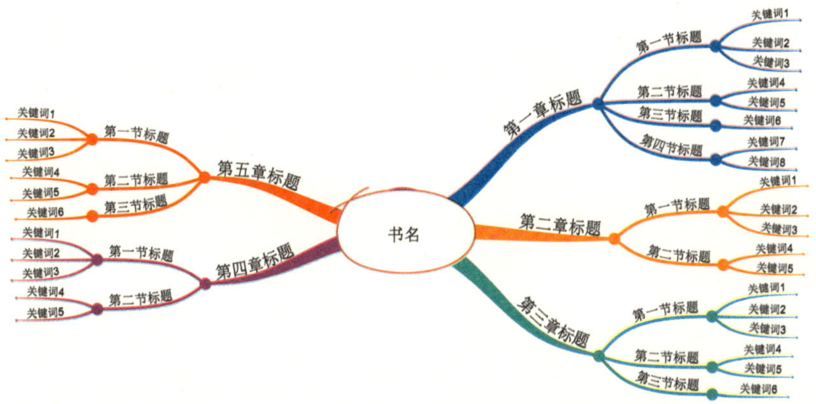

2. 补充完善读书笔记，加上个人见解，提出问题。

本节导图：

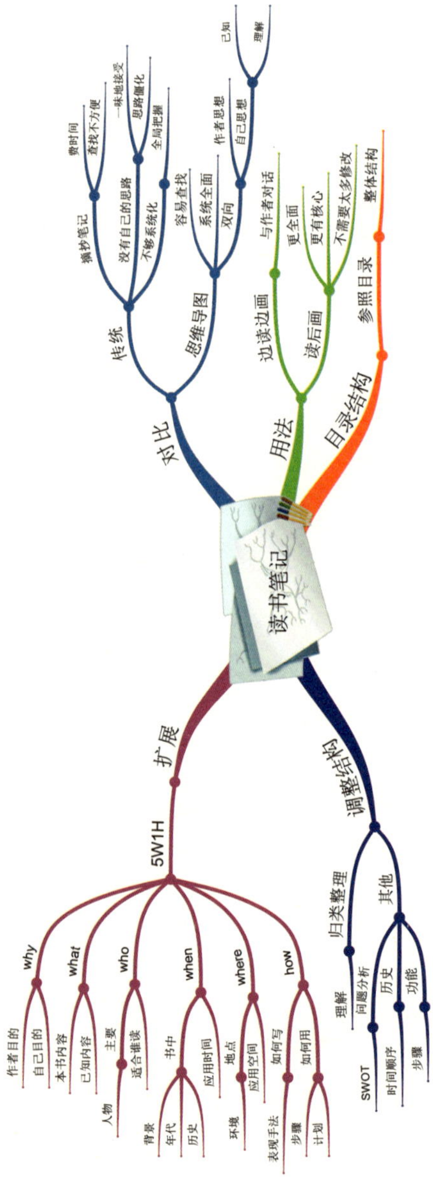

第七章

充分激活左右脑，实现深度记忆

记忆技巧——记忆与思维导图

记忆过程分为瞬时记忆、短期记忆和长期记忆。瞬时记忆就是在瞬间进行记忆，过了就忘，记忆时间是非常短暂的。比如在登录一些网站时，需要输入验证码，看一眼记住了，把它输完也就忘了。短期记忆比瞬时记忆的时间长一些，输完验证码，过一两天还记得，但过一两周就记不清了。和短期记忆对应的是长期记忆，输完密码，不管过多久，都能记得。

记忆过程

这三个记忆过程是一步一步来的，先有瞬时记忆，再到短期记忆，最后才能达到长期记忆。如何达到长期记忆，先来了解一下关于记忆的一些技巧。掌握这些技巧，至少能达到短期记忆，再经过练习，就可能实现长期记忆。

第一个是初期效应，就是最开始的往往是比较容易记住的。和初期效应对应的是近期效应，就是最后面的也是比较容易记住的。回想一下，你去参加一些活动，很多人都做了自我介绍，这么多人你能记住几个？大多数人要么能够记住第一个开始介绍的人，要么记住最后一个人，中间的人就记得不是很清楚了。了解了这样的规律，在进行记忆时，就可以把最难的，或者说自己总是忘记的东西，放到最前面或者最后面来记。

第二个是关联原则，一般和自己有关的内容记的时间比较长。自己最感兴趣的，或者是自己亲身经历过的就会记得久一些。这么多人介绍，有一个人说的大学正好和你是同一所，你就会很容易记住他 / 她，因为和自己有共同点。所以，想要达到长期记忆，尽量把这些要记的东西和自己关联起来。

第三个是特殊性原则，越是特殊的，越容易被记住。还是很多人做自我介绍，如果有一个人的介绍与众不同，或者他长得很有特点，你是不是会更容易记住他 / 她。这里还有一种情况，就是能够激发自己五官感觉的，也是比较特殊、比较容易记住的。来想一想，是不是自己经历过一些特别恐惧的事，记的时间就比较长，反而一些很普通的事却记不住，这就是因为感官上的特殊性。所以，提高记忆要突出一些东西的特点，或者激发自己更多的感官感受。

第四个是重复原则，这也是人们在进行记忆的时候常用的一种方法，就是不断地重复，这样也能记得久一点。但我们不需要每天重复，按照遗忘规律的时间点来进行重复即可。遗忘规律是指记忆和时间之间的关系，刚记完一个东西，过 20 分钟后只能记得其中的 58.2%；1 个小时后是 44.2%；9 个小时后是 35.8%；1 天后是 33.7%；2 天后是 27.8%；6 天后是 25.2%；1 个月后是 21.1%。这个规律说明时时刻刻重复记忆的效果并不一定好，在快遗忘之前进行重复记忆才是最好的。要保证记忆效果，至少要在记忆后当天重复一次，第二天再重复一次，接着第三天可以不重复，第四天再重复一次，接下来是隔 1 周后重复一次，最后是 1 个月后再重复一次。这种记忆方法，首先能够省不少时间，特别是对于上班族来说，可以减少重复无效的记忆时间。

这是关于记忆的一些技巧，这些技巧可以在一张思维导图上体现出来，所以思维导图能够提高记忆力。

第一个原因是思维导图有一个整体概念，一张图就能看到所有内容，这样不管什么时间，都能很容易地多次查看全部内容，而不是一堆文字，永远只能看到个开头或者结尾，很少看到中间的。这样能够减少初期效应和近期效应，再利用重复原则，拿着一张图，随时随地都能看到全部，方便进行全面记忆。

记忆技巧

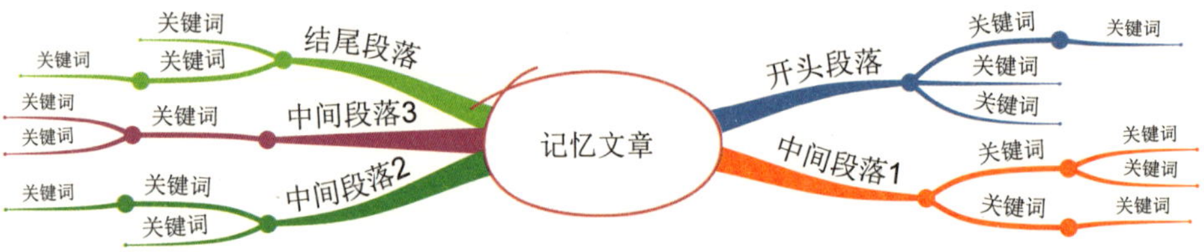

全面记忆

第二个原因是思维导图可视化比较强。关键词能够概括内容，图像方便记忆，还有一些图标能够标明重点和非重点。比如重点部分能够突出特殊性，使自己重点关注这部分，突出特殊性，图像也能激发更多感官，从而加深记忆。

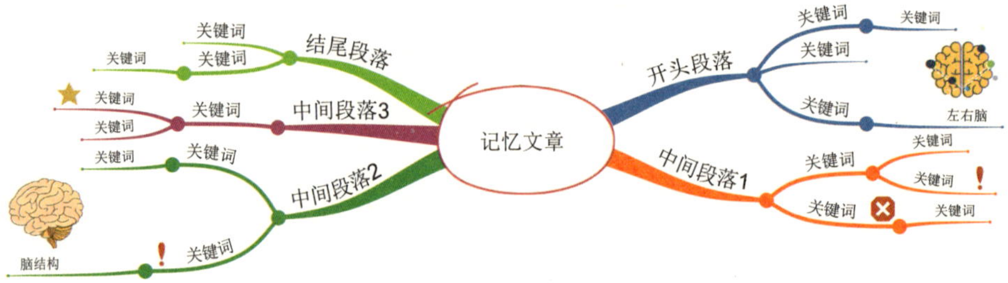

突出重点

第三个原因是思维导图的分支结构，不同分支代表不同分类，从而形成结构化的思维。之前我们在介绍结构化思维时说到，一串有逻辑的数字比一串无序的数字好记。思维导图的分支就是整理，让它形成一定的逻辑过程。另外还可以联想出更多的内容，能够和自己已知的经历过的事联系起来，从而利用关联原则，更方便记忆。

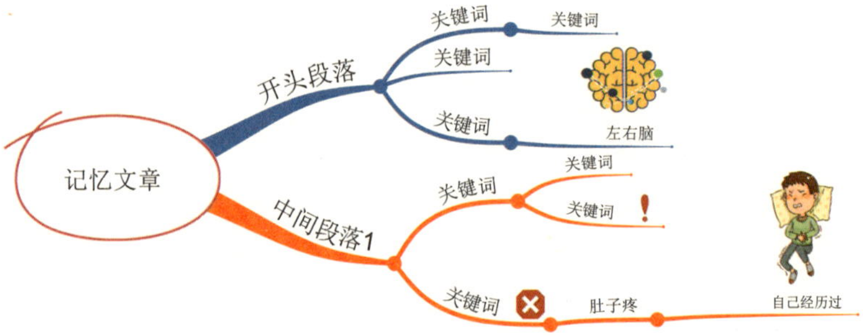

建立联系

第四个原因是思维导图的图像、颜色等能够激发大脑，全面发挥左右脑的功能，更好地进行记忆。大脑分为左右脑，左脑用来处理一些逻辑关系，右脑用来处理想象。现在大部分的记忆其实只发挥了左脑的功能，完全没有用右脑。思维导图上的关键词、分支结构等可以激发左脑，而图像、颜色等可以激发右脑。这样能够让自己更感兴趣，也更有动力去记住这些东西。

这是用思维导图来记忆的一些好处，具体如何应用，下一节继续讲解。

本节练习：

找一个需要记忆的内容，按遗忘规律来安排一下记忆时间。

时间点 1：

时间点 2：

时间点 3：

时间点 4：

本节导图：

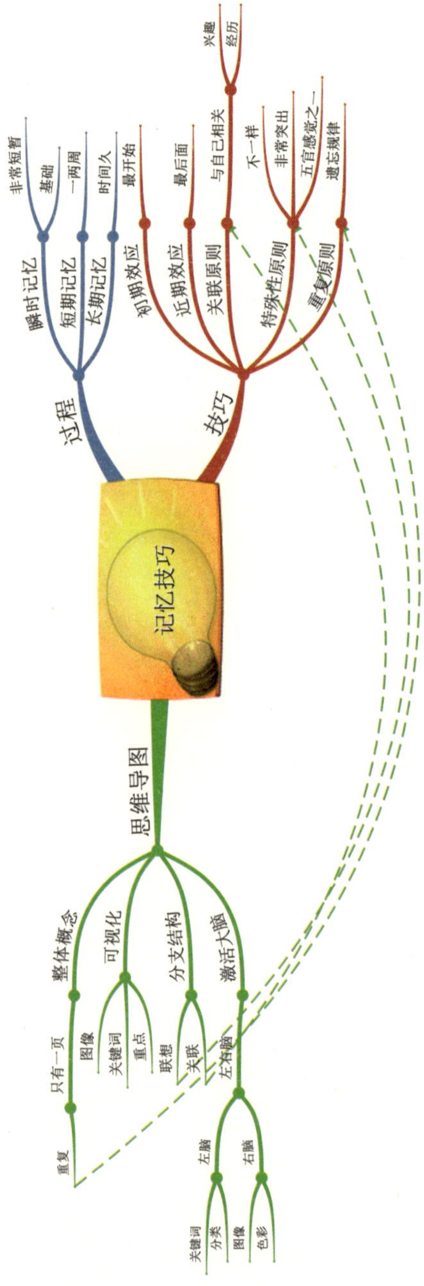
记忆技巧
过程
瞬时记忆
非常短暂
基础
短期记忆
一两周
长期记忆
时间久
技巧
初期效应
最开始
近期效应
最后面
关联原则
与自己相关
兴趣
经历
特殊性原则
不一样
非常突出
五官感觉之一
重复原则
遗忘规律
思维导图
整体概念
只有一页
重复
可视化
图像
关键词
重点
分支结构
联想
关联
激活大脑
左右脑
左脑
关键词
分类
右脑
图像
色彩

联想法——提高记忆的入门法

现在让你来记这样一串数字，你准备如何记忆。

17578329046

这串数字是编的一个手机号，有可能是真实存在的，所以请不要拨打。可以先按之前的方式来尝试记忆，给自己 3 分钟，看看 3 分钟之内能不能把这个手机号记住。接着再过 10 分钟，看看还能不能说出来。3 分钟内大部分人还是可以记住的，但过 10 分钟后，又忘记了，这其实就是一个瞬时记忆。想要记得久一些，达到短期记忆甚至长期记忆，可以采用联想法来进行记忆。

联想法是记忆的基础，如果正确掌握这个方法，记忆力可以得到很大的提升。联想分为四类：

第一类是接近联想。有时间上的，还有空间上的。空间上，说到蓝天，你能想到什么？大部分人说到蓝天就会想到白云，因为它们在空间上是很接近的。时间上，去记一些人的生日的时候，可以选择同一年发生的重大事件来进行联想，因为是同一时间段内的。比如说到数字 61，就会想到六一儿童节，这就是接近联想。

第二类是相似联想，根据一些共有的和相似的特征来进行联想。刚才说的数字，全都可以用相似联想来进行，看看它们的形状像什么。说到数字“1”，你能想到哪些事物和它比较像，有可能是一棵树，还有可能是一支笔，因为形状差不多，这就是相似联想。

第三类是对比联想，通过相反的方向来进行联想。说到白天，就想到黑夜；说到热，就想到冷。

第四类是因果联想，因为某些原因，所以想到

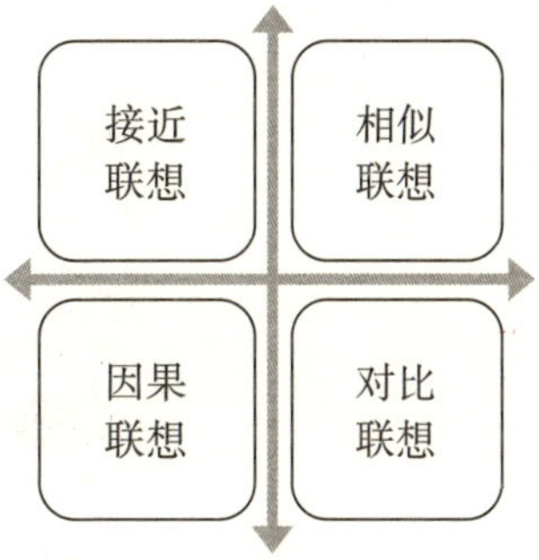

联想法

结果。因为下雨，所以地上会湿。因为到了夏天，所以想到热。

联想可以通过这四个方面来进行，如果能激发自己更多的感官更好。说到太阳，除了视觉上觉得刺眼外，还有触觉上晒到皮肤的热，两个感官一起联想会让记忆更深。如果还能加上自己亲身经历的一些事更好，联想到自己曾经被太阳晒伤或者中暑，因为自己对这些事印象比较深，想起这些事，也能记起太阳。越是有情感的事物，记得越久。

回到刚才的数字，除了从形状上进行相似联想，把 1 想成一支笔，4 想成帆船外，还可以根据一些谐音进行联想。16 的发音是不是和石榴的发音差不多？这也是可以的。还有刚才说的 61，可以根据常识六一儿童节来进行联想。说到 9，会想到什么？会不会想到猫？因为人们会说猫有 9 条命，这也是可以的。按照这样一些方法，把数字从 0 到 9 分别进行联想，可以不按刚才说的，完全按自己的想象来，一般第一个想到的事物是最好的，这样的印象比较深。现在请合上书，给自己 10 分钟时间，先将数字从 0 到 9 分别联想一个具体的事物，将自己所想到的写到纸上，完成后再继续后面的。

联想完成后，再来记刚才的手机号，17578329046。把每一个数字都对应成刚才自己联想到的事物。1 是一支笔；7 可以想象成一把镰刀，因为形状相似；5 可以想象成一个铁钩，也是形状上比较像；接着又是 7，一把镰刀；8 可以想象成一个葫芦，也是形状相似；3 可以想象成一只耳朵；2 可以是天鹅；9 可以是个球拍；0 可以是一个甜甜圈；4 就是刚才说的帆船；6 是一个口哨，同样也是相似联想。

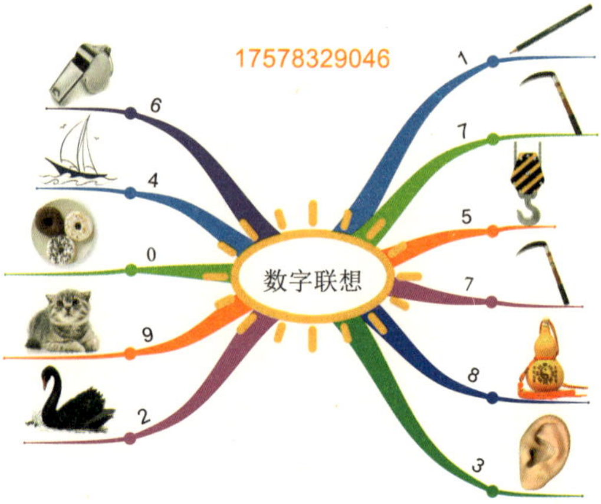

数字联想

都对应好后，接着可以通过编故事的形式把这些数字串起来，故事越夸张、越离奇越好，不要考虑是否符合逻辑、常理等，完全凭想象。可以来想象一下，你现在一只手拿着一支笔，另一只手拿着一把镰刀正在削这支铅笔。正在削铅笔的过程中，突然来了一个起重机的铁钩，一下子把你挂到了半空中，急得你忙挥动手里的镰刀去砍挂钩。挂钩被砍断，自己却掉到河里，正好骑在一个葫芦上。这时耳朵听到一些声音。仔细一听，原来是一只天鹅在叫。天鹅为什么叫？是因为有一只猫在追它。你连忙掏出身上的甜甜圈向猫扔过去，猫发现有人来了，赶紧坐上帆船逃跑，而且吹响口哨，好像是在通知同伴。

这样一个故事编完，再来回顾一次，回顾的过程中把联想到的和数字对应起来。你一手拿着一支笔，笔是几？另一只手拿着一把镰刀，镰刀是几？身后来了一个起重机的铁钩，铁钩是几？铁钩把你挂到半空中，急得你挥动镰刀去砍，镰刀是几？挂钩被砍断，自己掉到河里，正好骑在一个葫芦上，葫芦是几？耳朵听到一些声音，耳朵是几？仔细一听，原来是一只天鹅在叫，天鹅是几？天鹅为什么叫？因为有一只猫在追它，猫是几？你连忙掏出身上的甜甜圈向这只猫扔过去，甜甜圈是几？猫发现有人来了，赶紧坐上帆船逃跑，帆船是几？而且吹响口哨通知同伴，口哨是几？复述故事的同时把数字报出来，看看是不是 17578329046？

一般复述几次后，就可以准确地说出数字，这样来记哪怕过很长时间，只要能说出这个故事，就能说出数字。所以思维导图要把关键的地方、重点的地方用联想到的图像画出来，就是为了方便记忆。

本节练习：

请将你手机号中的数字分别联想出具体实物，相同的只需要联想一个。

第 1 位：

第 2 位：

第 3 位：

第 4 位：

第 5 位：

第 6 位：

第 7 位：

第 8 位：

第 9 位：

第 10 位：

第 11 位：

本节导图：

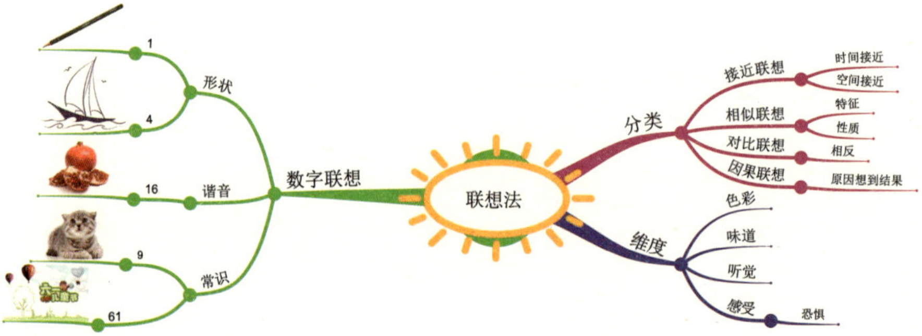

宫殿记忆法——随时随地调取记忆

上一节是通过编故事的形式把一串数字按顺序记了下来，但这样的记忆方法一打乱顺序，比如倒着来或者只要求说其中第 5 个数字是什么，就不太容易了，因为需要从头把故事顺一下才能说出来。在看一些记忆表演时，就会发现表演者记完数字后，不仅可以正着来，也可以倒着来，还可以抽查，随便你说第几行第几个，都可以马上说出来。这样的记忆法就是在联想的基础上运用了更强的宫殿记忆法。

宫殿记忆法简单来说就是推开一间一间的房子，每间房子里面找一些事物来放自己要记的东西，这也叫作打桩，打记忆桩。你可以绕着你的屋子走一圈，观察一下当前所在的房间里面有什么。如下图的客厅里，会有入户门、电视柜、电视机、台灯、窗帘、吊灯、画、沙发、茶几、小凳子和小桌子等，这其实就找了 11 个记忆桩。接着把上一节的一串数字联想到的事物放到这些记忆桩上来记忆。

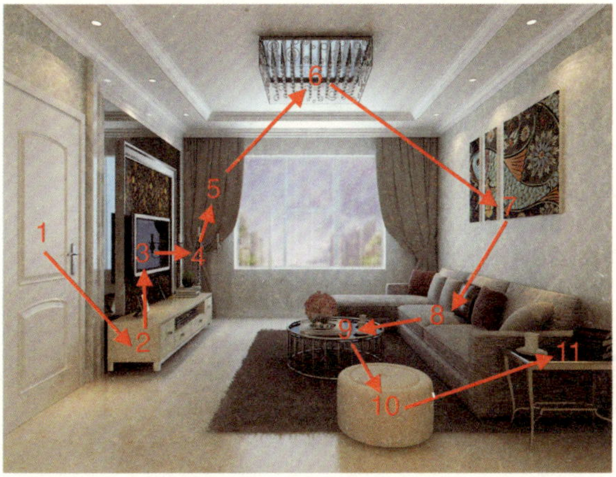

找记忆桩

来想想，一进客厅，入户门上插着一支大大的铅笔；电视柜上放着一把锋利的镰刀；电视机上有一个大铁钩，已经把电视屏幕钩破了；台灯也被镰刀砍断了；窗帘上长满了葫芦。这是前五个，先来回顾一下，一进客厅入户门上有什么，电视柜上有什么，电视机怎么了，台灯怎么了，窗帘又怎么了。接着继续后面的，吊灯长出了一只人的耳朵；墙上的画被一只天鹅啄得掉了下来；沙发上躺着一只大大的猫，占了整个沙发；茶几上放了一盘甜甜圈；小凳子上有一只帆船游来游去；最后，小桌子上放着一个金子做的口哨，闪闪发光。

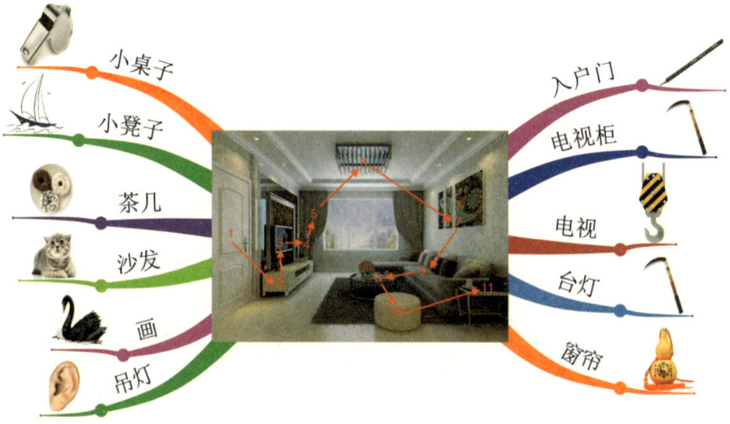

建立关联

对应完成后，再绕着屋子走一圈，边走边回想，一进客厅是入户门，入户门上有什么；再到电视柜，电视柜上有什么……最后到小桌子上金子做的口哨。多走几次，看看是不是可以很容易地按顺序将数字说出来。按顺序说完后，接着试着倒着来说，最后一个是小桌子，小桌子上有什么，然后小凳子上有什么，茶几上有什么，沙发上有什么……这样倒回去。只要记忆桩能顺下来，你就会发现自己倒着说数字也会很顺畅。随便说一下，第三个数字是什么，第三个记忆桩是电视机，电视机被一个铁钩打碎了屏幕，铁钩对应的是 5，那第三个数字就是 5。

这是一个简单的宫殿记忆法的演示，真实的比这个复杂得多，首先要有很多房间，每个房间里要放很多记忆桩，把要记忆的东西建立关联放到不同房间的不同记忆桩上，用的时候再一间一间地进去找。比如这 11 个数字，可以分开放到 2 个房间里，客厅里放前 5 个，厨房里放后 6 个，进行随机抽查时，说到第 7 个，可以不从客厅开始，直接进入厨房来查看第 2 个，说到倒数第 7 个，直接查看客厅的最后 1 个，这样速度会比在一个房间里更快。

要用好宫殿记忆法，首先，选择的房间应该是自己非常熟悉的，最好是自己经常进入的，比如自己的家、办公室，还有一些经常去的地方。其次，选择的记忆桩要固定，不能经常变化，还要有比较明显的特点。比如客厅里的茶几一般都是位置固定的，也比较大、比较明显。但茶几上摆放的书就不固定了，有可能一会儿就被人拿走了，而且比较小、不明显。找记忆桩最好能亲自去这些房间里走一遍寻找一下，寻找那些第一眼看到的、印象比较深的东西。最后，这些记忆桩的顺序要固定，要么按顺时针，要么按逆时针。站在房间中间，转一圈就可以看到这些事物。另外，建议每个房间里找的记忆桩最好是双数，刚开始最多不要超过 20 个，太多了会混乱。

现在可以尝试在家里不同的房间走几圈，客厅、厨房、卫生间、卧室、书房等。每个房间里先找 5 个记忆桩。然后请别人从 0 到 9 分别写 20 个数字，把上一节联想到的事物分别放到 4 个不同房间的不同记忆桩上。自己先熟悉一下，再让别人随机抽查，看看能不能快速说出。

本节练习：

在自己的卧室分别找 5 个不同的记忆桩，列出思维导图。

记忆桩 1：

记忆桩 2：

记忆桩 3：

记忆桩 4：

记忆桩 5：

本节导图：

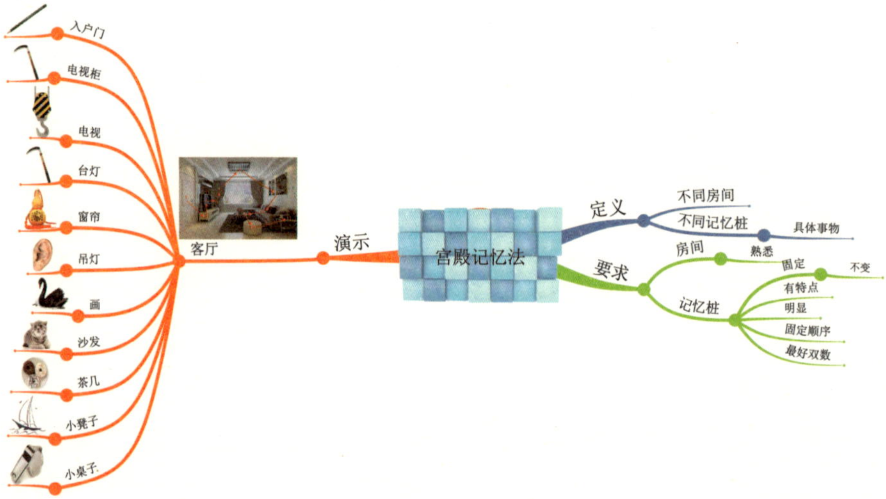
宫殿记忆法
定义
不同房间
不同记忆桩
具体事物
要求
房间
熟悉
记忆桩
固定
不变
有特点
明显
固定顺序
最好双数
演示
客厅
入户门
电视柜
电视
台灯
窗帘
吊灯
画
沙发
茶几
小凳子
小桌子

挂钩法——临时记忆法宝

上节介绍的是宫殿记忆法，固定好房间和记忆桩后，就可以把需要长期记忆的内容放进去。如果临时需要短期记忆，再用宫殿来记忆就有些麻烦，采用宫殿记忆法的简单版本就比较容易，叫作挂钩法。

挂钩法就是从自己身上来找记忆桩，不需要去走房间。同样还是要按照一定的顺序来进行，按照从头到脚，从左到右的顺序来找。比如额头、左耳朵、右耳朵、左肩膀、右肩膀等。身体是我们最熟悉的，也是走哪儿跟哪儿的，所以随时可以拿来联系记忆。

同样还是刚才的数字 17578329046，总共 11 位，所以需要找 11 个记忆桩。可以把身体分为两半，左边 6 个，右边 6 个，多出 1 个不用。从上到下，左耳朵，右耳朵；左肩膀，右肩膀；左手，右手；左腰，右腰；左膝盖，右膝盖；左脚，右脚。接着是把根据数字联想到的事物放到对应的位置上，同样还是越夸张越好。可以想象一下，你的左耳朵上面插着一支笔，把耳朵都穿破了；然后左肩膀被镰刀砍了一下，流了很多血；左手被一个大钩子挂着；左腰也被镰刀砍了，也在流着血；左膝盖还好，没流血，但长出了一个葫芦；而左脚上多长了一只耳朵。按顺序继续，右脚被一只天鹅不停地咬；右膝盖被猫抓了一下；右腰上挂着一些甜甜圈；右手拿着一只帆船，很重；右肩膀上挂着一个口哨。

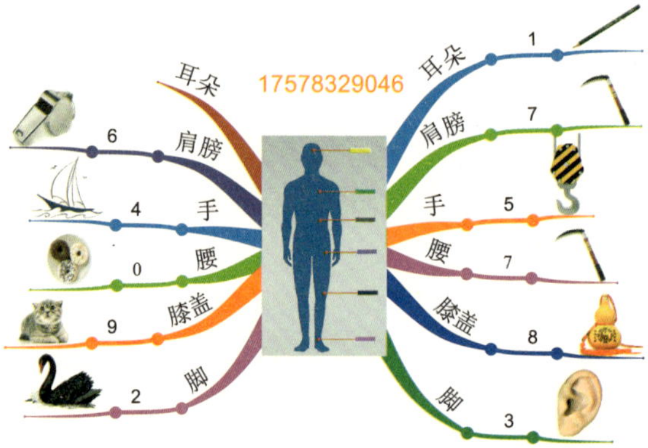

挂钩法

把这些都放上去，再来回顾一下，左耳朵上面有什么，左肩膀被什么砍的，左手怎么了，把左边想完，再想右边，按顺序整理一次。这样也能记住，同样还可以倒着来，随便抽其中第几个，是不是比刚开始编故事的形式简单一些。

挂钩法还是比较容易学的，在身体上多找一些记忆桩，固定下来，后续遇到需要短期记忆的一些内容就可以放到身上。

本节练习：

用你的手机号，按挂钩法进行练习，列出相应的记忆桩，左边 10 个，右边 10 个，左右对称。

本节导图：

关键方法——如何利用思维导图提升记忆力

介绍了这么多记忆方法，和思维导图有什么关系？其实在画思维导图的过程中，不同的分支就是打记忆桩的过程，一级分支不多，二三级分支也不多的可以理解为挂钩法；一级分支比较多，层级也比较多，有二三级，甚至有四五级的，可以理解为宫殿记忆法。而每个分支上的关键词在进行记忆时都可以联想成对应的图像。这样在进行记忆时，先按记忆桩找到对应的分支，再用联想到的图像来找关键词，就不会混乱。

想要利用思维导图更好地提升记忆力，需要注意以下几点。

首先要充分发挥图像联想的功能，记图片比记文字容易。中心图像要联想成对应的图像，先对要记忆的内容有一个认识。同时一些关键的地方、不好理解和记忆的地方，也要联想成对应的图像，充分激发左右脑同时进行记忆。

来看下面这段文字：

思维导图是由英国人东尼·博赞于 1971 年开创的一种全新的思维方式，打破了原有的线性思维，改为发散思维。思维导图采用发散性思维方式，更适合大脑的思维方式，更便于记忆和联想。简单的使用方法是先画一个思考中心，再由中心向外发散出分支，每一个分支上一个关键词，接着每一个分支还可以继续发展出更多的分支，最后形成一张思维导图。思维导图可以应用在很多方面，不管是工作，还是学习、生活，都可以带来更高的效率。现有的工具也很多，比如 MindManager、XMind 和 iMindMap 等。

要记忆这段话，中心图像可以放一张之前用工具画好的思维导图，分支越多越好，因为要表现出发散性，同时表明在工作或者学习上可以应用，还利用了工具。尽量多地概括内容。什么是线性、什么是发散不好理解，可以联想一下，用图像表现出来。线性思维就是从头到尾，按顺序来，可以想象成一条直线；发散思维是围绕中心，向四周发散，不一定按顺序来，可以想象成太阳，因为太阳的光就是围绕中心发散开来的。

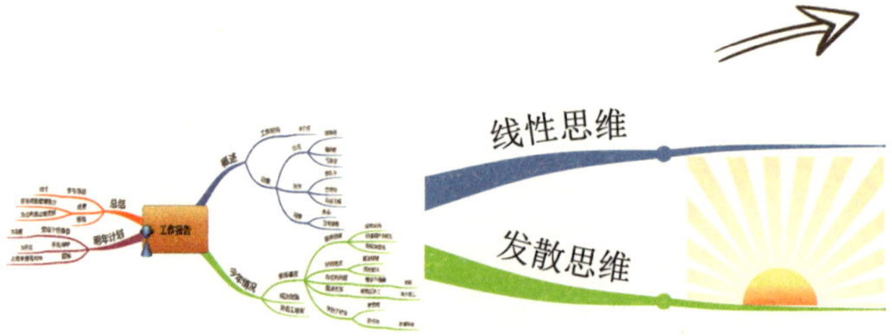

发挥图像功能

其次是分支结构。一级分支可以采用挂钩法和宫殿记忆法的方式来进行划分，方便对记忆内容进行回顾，就算打乱了顺序，也能快速地知道是哪一个分支。同时可以把最难记的放到第一个或者最后一个分支上，方便加深记忆。

这段话主要说了思维导图的来源，介绍了发散思维、思维导图的简单画法、应用范围和一些工具。可以把这些作为一级分支先画出来。

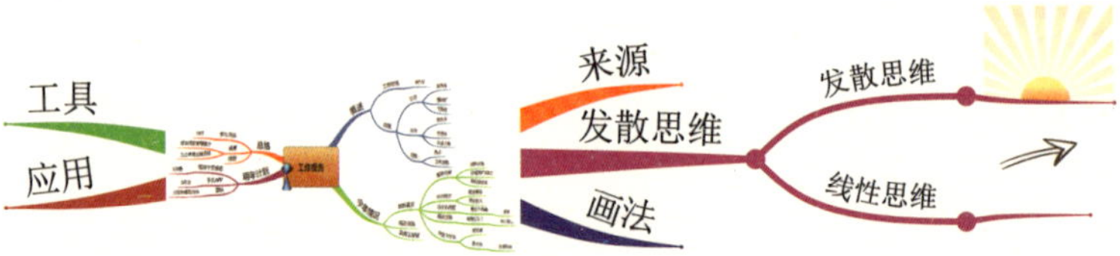

一级分支

画完后采用挂钩法和身体上的记忆桩建立联系，找5个就可以。左耳朵是来源，可以提问人的耳朵是怎么来的；左肩膀是发散思维，可以想象一下自己的左肩膀被打，血流向四周；左腰上正在被人用笔画来画去；左膝盖在做手术，要取下来用到别的地方；左脚上被刀等利器插了个遍。对应起来后就能知道这段文字包含哪些内容，别人问起其中一个时也能马上知道在第几部分。

接着是一级分支下面的二三级分支。在这些分支之间整理出一些关系，比如因果关系、大小分类、步骤等，让它们更有规律可循，更方便顺着分支一级一级地联想。像这段话里说的画法，第一步画什么，第二步画什么……按步骤顺序来想会更好记。

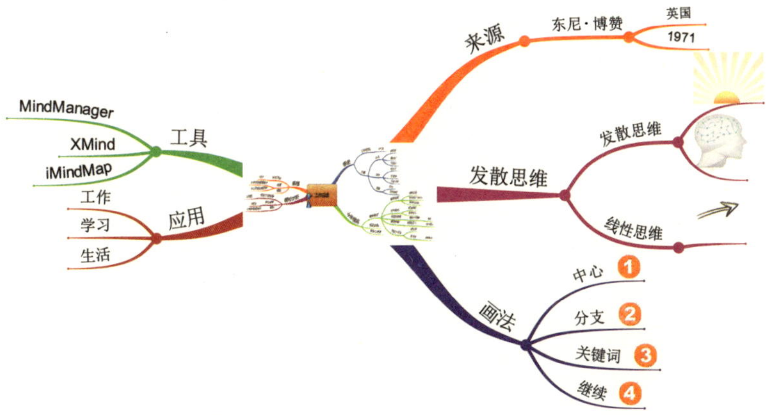

细化分支

最后遇到不容易记忆的，可以重新调整一下结构，把不好记的放到前面，并且把关键词联想成图像，越特殊、越夸张越好。再用一些特殊的图标或颜色等，把不好记的和重要的地方标出来，突出这部分内容。这样需要加强记忆时，就很方便找到这部分，从而加深这部分的记忆。这段话里发明者比较重要，什么是发散思维也是重点，其他的都不是重点。标注一下，下次重复记忆时，可以只关注重点的部分。

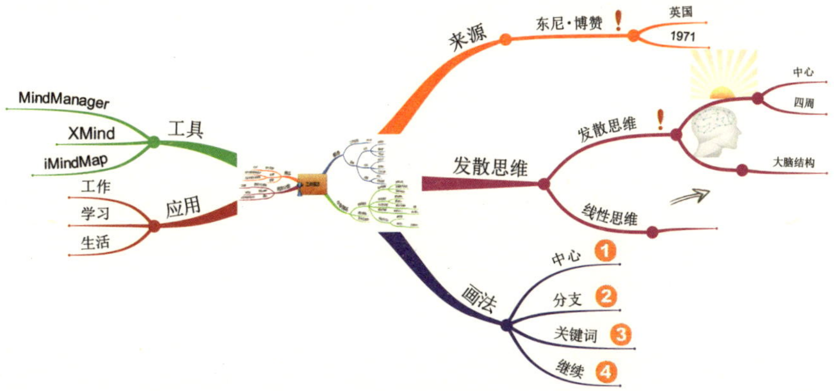

标注重点

最终要对所记的内容有一个整体概念，一张思维导图能够概括所有内容，充分发挥方便重复记忆的优点。按照遗忘规律的时间点，时不时地拿出来多次记忆，再难的东西也能记住。

以上就是用思维导图进行记忆的过程。

本节练习：

请在本书中随机选取一段文字转换成一张思维导图来进行记忆。

本节导图：

第八章

提高理解力，实现完整学习

笔记思维——如何用思维导图做课堂笔记

想要获得好的学习效果，多做一些笔记还是很有必要的。听完课，课上感觉懂了，但过后又什么都想不起来，做一些课堂笔记，可以方便自己进行回顾复习。

传统笔记大多只是记录老师讲的内容，老师讲一句就记一句，完全是一个记录员的角色。这样的笔记一般是一堆文字，关键词藏在不重要的信息里，想要查找会很不方便，而且这样的方式也不方便记忆。之前说的，记关键词比记一整段话要容易得多。总是记不住，就会对学习失去信心，不想继续学了。

好的笔记应该在学习前、学习中和学习后都能起到作用。首先是在学习前，通过浏览笔记，就能知道要学习的内容有哪些；其次是在学习过程中，能够通过笔记找到学习的重点和自己的疑问；最后在学习完成后，这些笔记能够起到引导回忆、加强记忆的作用，还能引申拓展，和自己已知的知识建立联系。这样的笔记才是有用的，而不是只把老师讲的东西记下来。用思维导图来做笔记，完全可以发挥这些作用。

因为思维导图只记关键词，所以内容一目了然；通过标注，可以突出重点，哪部分是老师讲的重点，哪部分是需要自己进一步理解和记忆的，都能看得很清楚；视觉上思维导图多用图像和颜色，比全是文字更丰富，不会感觉很单调，从而激发学习兴趣；不同知识点之间可以通过线连起来，关系可以看得比较清楚；另外用思维导图做笔记可以随时进行修改，不管是在学习过程中，还是在复习过程中，有新的收获都可以在对应的分支下增加分支，这样还是和之前的知识点有关联。而传统的笔记就不太方便增加，因为都写满了，新增的只能放到最后，缺少关联性。

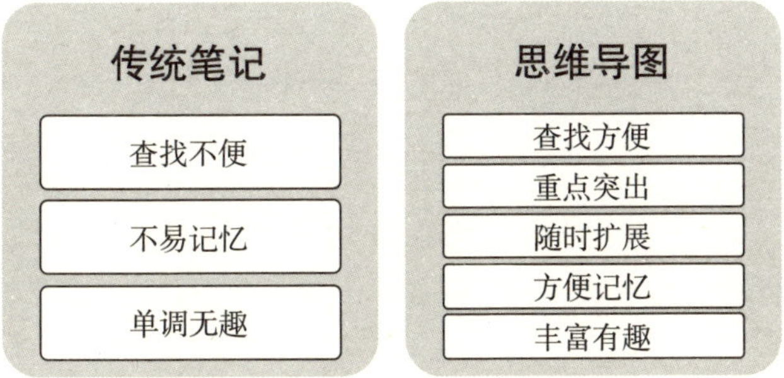

笔记方式比较

之前说做读书笔记有两种方式，一种是边读边看，另一种是读完再做。做课堂笔记也一样，一种是听课的过程中边听边画，另一种是课后再画。如果刚开始思维导图用得还不熟练，建议课堂上还是用之前的方法来记，但课后要重新整理，画一张思维导图；如果思维导图已经用得比较熟练，建议在课堂上边听边画，课后再进一步整理。课堂上主要是把老师讲的内容整理出来，重点标出来，疑问列出来。课后就需要进一步解决疑问，并对内容进行完善优化，方便记忆，同时和自己已知的知识建立连接。在后续的复习回顾中，还需要继续对笔记进行整理，比如调整重点、非重点，对自己不理解的地方进一步加深理解，把需要记忆的转成图片等，也可以让它显得更加美观工整。

用思维导图做课堂笔记，如果在课程开始之前已经知道本节课的内容和大纲，可以在上课前把中心主题和一级分支画出来。有教材的先根据教材内容来画，相当于提前预习；没有教材的，看看有没有相关的课程介绍，像现在的很多网络课程，都有对应的课程内容介绍，根据这些也可以大致画出一级分支；这些都没有，还可以看看讲课老师的 PPT，一般在课程开始前，PPT 上会有一些目录，说明本节课要讲哪些内容，根据这些也可以画出一级分支。

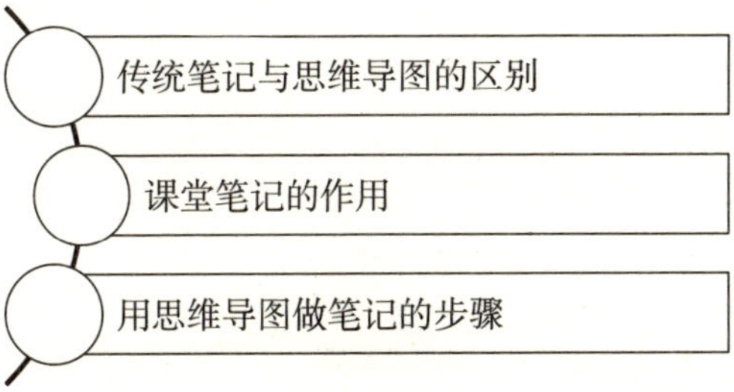

课程目录

将本节内容作为课程来看，在课程开始之前一般会给出一张 PPT，说明本节课的内容。

根据这些，可以先画出一张思维导图，概括出本节课的内容，同时把自己觉得是重点的和不理解的地方标注一下，在听课过程中能做到心中有数。本节课的重点是学会用思维导图做笔记的方法，而疑问是针对笔记来起作用的，不就是用来概括课堂内容的吗？除了这个还有其他作用？打个问号，看看课程中能不能解决。

一级分支

如果课程开始前无法知道相关内容，就只能在听课的过程中边听边画一级分支，方法和前面第五章第二节用思维导图做会议纪要的方法一样，也是在听的过程中注意听取关键词，根据这些词来画分支。也可以根据 5W1H 的思维模式来进行，就是在课堂上注意时间、地点、人物、事件、经过和结果这六大要素，把这些记录清楚，课程的内容就概括得差不多了。比如听历史课，时间、地点、人物、事件肯定是比较重要的，某年、在哪儿发生了什么事情，参与的是哪些人物等。但像数学课，那就是经过和结果比较重要了。要解这道题，第 1 步要怎么做，第 2 步要怎么做，每步用了什么原理，最后的结果又是什么样。根据不同的课堂内容，抓取不同的关键词，画出一级分支。

画好了一级分支，接着就需要开始认真听课。在听课的过程，还需要根据内容来新增一级分支。因为大部分的课程不会只限于本节课的内容，会在不同的知识点之前来回跳跃，讲这个的时候，又会说到另一个。如果没有关于这个知识点的分支，就需要给它新增一个。目前在讲课堂笔记怎么做，说到课堂笔记的一个作用是方便回顾复习，就会说到一些关于如何复习的内容，但一开始自己没有画这个分支，就可以新增一个。接着又说到一些关于快速阅读的内容，当前没有这个分支，也可以新增一个分支。

新增分支

有了一级分支，接着就是对每个分支补充细化了。在听的过程中抓取关键词，不需要把讲的所有话都记下来，只记关键的。可以参考之前关键词提取的方法，只保留名词、动词，形容词、副词等全不要。也可以按自己的理解来概括内容。如果有时间，可以直接画图像。

细化内容

如果在听课的过程中，自己突然有了一个新的想法或者疑问，不要想这个想法是对还是错，直接写在对应的分支下，如果没有对应的分支就重新画一个。先写出来，课堂上有提问时间可以通过提问来解决，没有提问时间可以课后来解决。如果在听如何用思维导图来做课堂笔记时，突然有了一个想法，能不能让老师在讲课的时候就用思维导图来讲，而不用 PPT 之类的？这样教学效果会如何？有了这个想法和疑问，可以直接在笔记里新增一个二级分支把你的想法写上，如果觉得放到这个分支下不合适，也可以再画一个一级分支来写上。

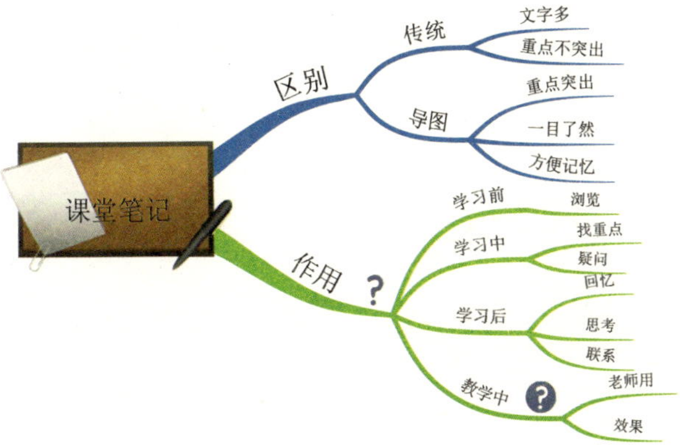

新增想法或疑问

列出了疑问，课上有时间就和老师来讨论，没时间就在课后通过查找资料来看现在有没有学校已经在用思维导图来教学，如果有，结果如何？如果没有，自己是老师会如何做？这其实也是对课程内容的扩展，不只限于课程内容，还可以知道更多，这样的学习才更有效。

在用手绘的方式画思维导图的过程中，经常会出现空间不足的情况。一开始感觉其中一个分支下不会讲太多，所以留的空间比较小，结果在课程中越讲越多，纸上的空间不够了。这个时候可以再拿出一张纸，继续针对这部分重新画一张思维导图，这个分支就成了中心主题。用软件工具来画就不存在这样的问题了，因为空间是可以随时增加的。比如现在课堂笔记说到如何复习这个分支，本来不是本节课的内容，但越讲越多，一开始留的空间就不够用了，那就可以单独再画一张思维导图，中心主题就是“复习”，围绕这个中心，继续把老师讲的内容画上去。等课程结束后，可以把这两张导图粘到一起，让它们之间建立一定的关联，这样看的时候也会方便一些。

最后，在课后需要对笔记进行整理和补充，补充疑问解决的结果，重新提取模糊的关键词，把不好理解的转成图像，重新调整分支结构，再重新整理重点，让它更突出一些，还可以让它更美观一些，这样一篇课堂笔记才算完成。

本节练习：

1. 选择一节微课，参照下方模板，尝试用思维导图做笔记。

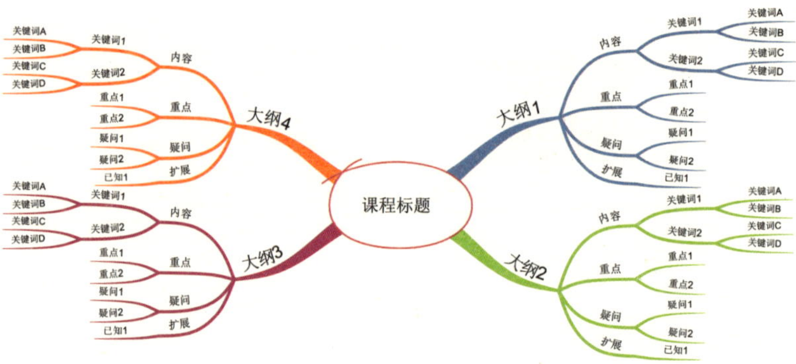

本节导图：

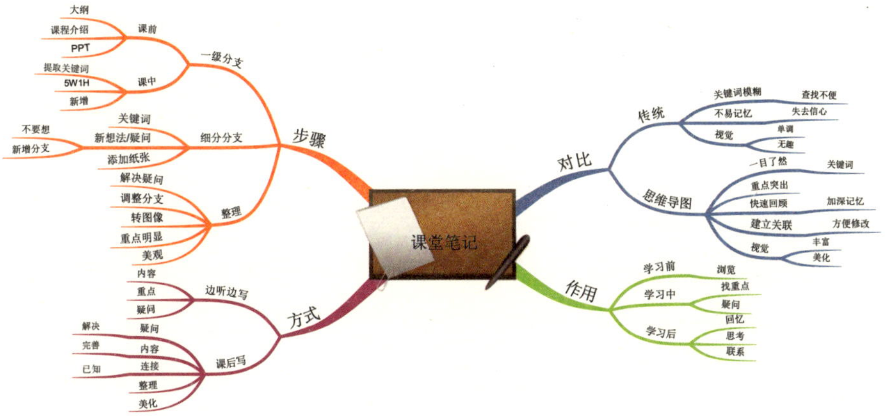
课堂笔记
步骤
一级分支
课前
大纲
课程介绍
PPT
课中
提取关键词
5W1H
新增
细分分支
关键词
新想法/疑问
不要想
新增分支
添加纸张
整理
解决疑问
调整分支
转图像
重点明显
美观
方式
边听边写
内容
重点
疑问
课后写
疑问
解决
内容
完善
连接
已知
整理
美化
对比
传统
关键词模糊
查找不便
不易记忆
失去信心
视觉
单调
无趣
思维导图
一目了然
关键词
重点突出
快速回顾
加深记忆
建立关联
方便修改
视觉
丰富
美化
作用
学习前
浏览
学习中
找重点
疑问
学习后
回忆
思考
联系

高效复盘——如何用思维导图复习所学知识

在上学时，老师会强调要多复习，多复习才能理解，才能记住并掌握学习内容，同时老师也会带着我们进行复习。工作以后准备参加考试，因为时间关系，能把教材看完就不错了，很少有时间去复习。就算是复习，复习过程中也没有重点，没有规律，有可能每天翻来覆去只看前面几页，也有可能想到什么就看什么。这样复习是没有什么效果的。

任何学习过程都应该有复习这一步。看完一本书，听完一节课，隔段时间来复习回顾一下，可以起到“温故而知新”的作用。看完关于快速阅读的书，或听完关于快速阅读的课，听的时候感觉快速阅读真好，可以短时间内读很多的书。但具体方法步骤是什么？过后完全没印象。这就需要课后复习。复习过程中又会产生新的问题，阅读速度快了能保证质量吗？要解决这个问题，就需要不断地学习更多关于快速阅读的知识。

完整的复习分为三个阶段，第一个阶段是基础复习，第二个阶段是专题复习，第三个阶段是解题思路复习。很多人的复习都只停留在基础复习阶段，很少展开后两个阶段。

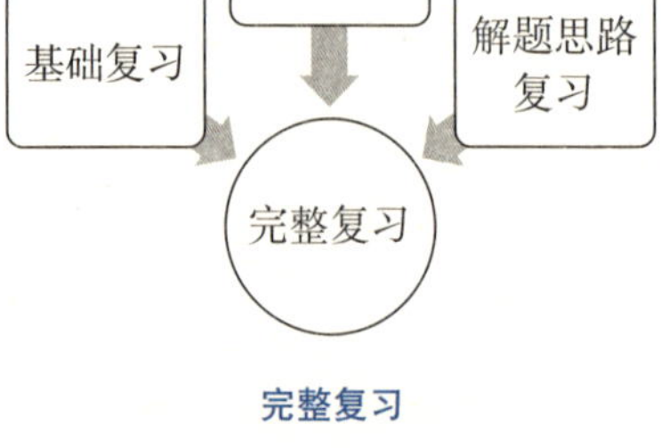

完整复习

基础复习的特点是具有一定的针对性。只针对其中的一个名词解释、一个概念性的知识点进行复习。只有掌握了这些基础性的知识点，才能去掌握复杂的。小学数学课上，要背九九乘法表，不管是用什么方法，一定要背得很熟练。因为没有掌握最基础的九九乘法表，就没法做多位数的乘法。学习上也一样，不要觉得基础没用，基础不打扎实，学习效果就差。

基础复习首先要从整体上对名词概念有一个了解。什么叫作项目？“项目是为了创造独特的产品、服务或成果而进行的临时性的工作”，这是项目的名词定义，先把名词定义多读几次，从整体上有一个了解。

接着第二个步骤是进行分层，看看这个定义分为哪几部分。项目的定义分为两部分，一部分是“为了”什么，另一部分是如何“进行”。在回答什么叫作项目时，要回答这两部分。项目是“为了”什么？为了做一些独特的看得到的产品，还有看不到的服务和成果。“为了”做这些要如何“进行”？要把人组织起来，等做完这些产品后就解散，是临时性的。这一步就可以用思维导图来进行拆解。

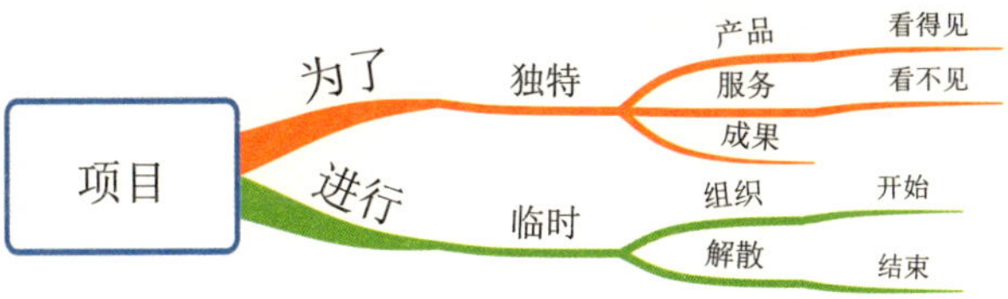

拆解定义

拆解完成后，接着是第三步，用自己的语言表达出来。不需要一字不差地死记硬背，了解了概念，知道了包含几部分后，用自己的语言来描述这个概念。项目是什么？项目就是一群人为了完成一些事或一个结果而进行的临时的活动。

多描述几次，直到描述得比较顺畅，接着需要检测一下掌握程度，进入第四步。检测可以通过做题来进行，可以上网找一些关于项目的题。如果有教材，可以从课后习题上找找，不管是选择题还是判断题，都来回答一下，看看自己的正确率能有多高。

来看下这道题：

项目“临时性”的含义是指：

A. 项目持续的时间很短

B. 项目有确定的开始时间和结束时间

C. 项目将在未来一个不确定的时间结束

D. 项目可以在任意时候取消

这道题你会选择哪个？正确答案是B，通过回答，就可以知道自己掌握得如何。

检测后进行第五步，反思总结。正确率比较高，说明你已经掌握；正确率不是很高，就要看一下哪部分自己还不是很清楚。上面这道题答错了，说明你对“临时性”的定义还不是很清楚。再回过来好好理解，“临时性”指人员在事情完成后才解散，所以是有开始时间和结束时间的，不可以任意结束，也不是不知道什么时候结束，时间很短也不可能，有的项目一做就是好几年。可以把这些题目的理解过程也加到导图上，方便后面回顾，避免再次犯错。

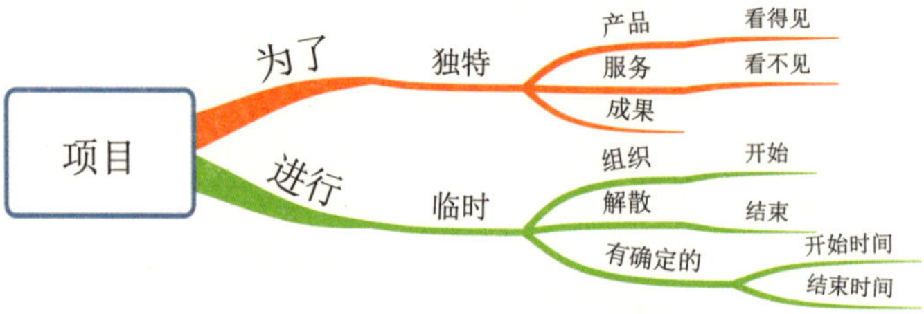

补充理解

完成了基础复习，接下来进入专题复习。专题复习需要把几个基础类的知识综合起来应用，并在应用的过程中提炼知识要点。

在项目管理中如何进行成本管理？这涉及很多的基础知识，比如成本包含哪些，成本估算的方法是什么，成本核对的方法是什么，等等。每个问题单独看，只是一个知识点，综合起来，就是为了解决项目成本这个专题的知识综合应用。

专题复习首先是找出你要解决的问题有哪些。同样可以从网上或者课后习题中找一找关于项目成本的问题，看看他们问了哪些。根据这些问题来进行专题回答。回答这些问题，你准备列举哪些基础知识，这些基础知识之间是什么关系？如果没有这一类问题，可以给自己出一些题，比如如何让成本估算更准确？项目进行时，哪类成本最容易增加？回答这些问题的过程也是回顾复习基础知识的过程。

这一过程同样可以用思维导图来进行。先把关于项目成本专题的所有基础知识列出来，并给它们编号；再把自己找到的相关问题也都列出来；然后来回答这些问题。要回答如何让成本估算更准确，先要将成本的定义、成本的内容、估算的方法等基础知识回答出来。用到哪些基础知识，直接把对应的编号写上就可以，不需要全部重新写一次。列完基础知识，再加上一些自己的理解和回答，觉得人力成本最容易出问题，经常只考虑到工资，而没有考虑到其他的支出，所以在估算的时候就需要注意那些，把奖金、补助等都考虑进去，这样一道题才算回答完。

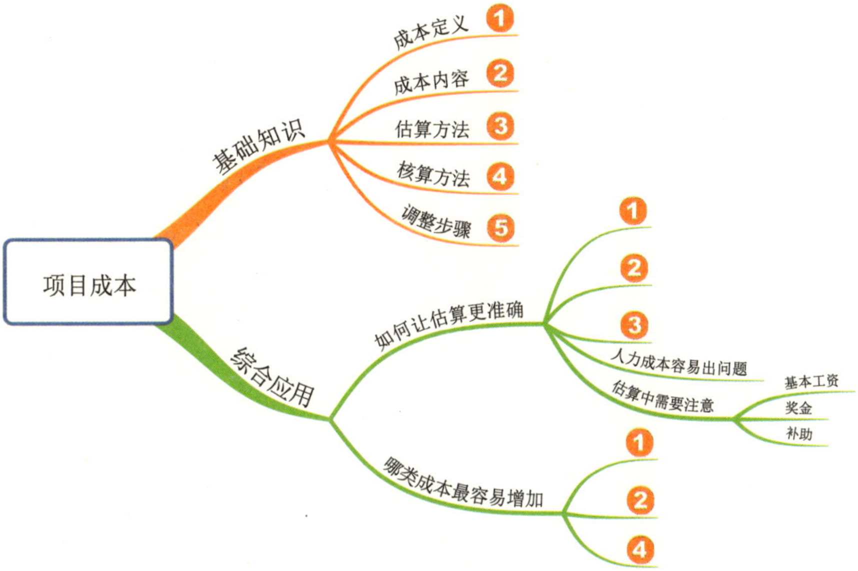

综合应用

回答完后再来反思总结一下，如果有标准答案，就对照看看自己答得全不全；如果没有标准答案，就想一想怎么回答能让这个问题更完整，把这些都补充到思维导图上。

有了自己的解题思路，这些思路也需要进行复习，这就是第三阶段，解题思路复习。总结基础复习和专题复习做题的过程，形成一定的解题思路。在解题过程中，特别是考试中，很多都有固定的步骤流程，如果掌握这些，考试成绩和学习效果也会有不错的提升。

刚才回答如何让估算更准确，就是自己的一个解题思路，先列什么，再说什么，最后说什么。把这个解题步骤总结复习一下，就可以将其迁移到同类型的题上。知道了怎么回答让估算更准确，遇到如何减少成本、如何控制成本等问题，也可以采用同样的步骤来回答，先列成本的定义和内容，再列估算方法，最后说哪类成本容易增加，容易不可控，有哪些方法可以解决。学会解答一种类型的题目，别的题目也都会了。

想要在有限的时间内达到更好的复习效果，需要合理安排时间，并不需要每天都复习。可以按照记忆遗忘的曲线来进行复习，今天学完的知识，当天复习一次，3 天后复习一次，接着 1 周后、半个月后、1 个月后再复习。这样复习用的时间少了，效果还比每天复习要好。

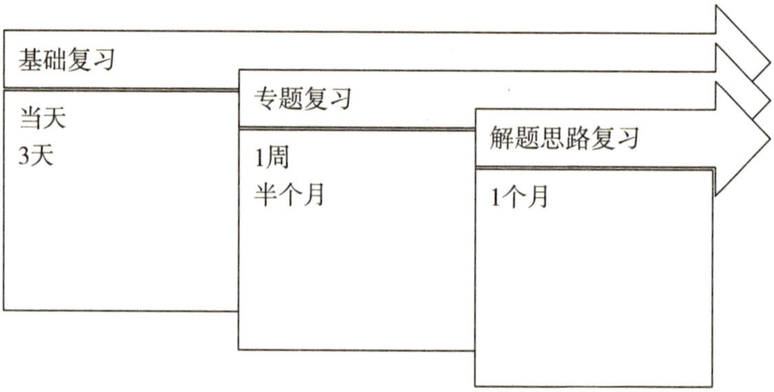

复习时间安排

当天复习和 3 天后的复习主要针对的是基础复习。每次复习前拿出自己针对每个基础知识画的思维导图，先试着回忆一下，看看自己还记得多少，检查一下自己掌握的程度。没记住的、不理解的地方要标明，这是需要加强的地方。不理解的部分翻开书再看一下，不明白的教材内容可以通过网络搜索或提问来解决。

1 周后和半个月后的复习针对的是专题复习。还是拿出自己画好的思维导图，先不要看之前的回答步骤，针对每个问题重新回答，回答后再看之前的回答，看看自己答的是不是正确、完整。不正确、不完整的部分同样需要加强复习，看看是基础知识掌握得不扎实，还是综合应用能力不行，然后加强对应的复习。

最后建议每过 1 个月进行一次解题思路复习，回顾自己这段时间做题的过程，复习自己解题的思路和方法，做好迁移的准备。

经过基础复习、专题复习、解题思路复习，这样复习就完整了。

本节练习：

参照下方模板，针对某一内容进行专题复习。

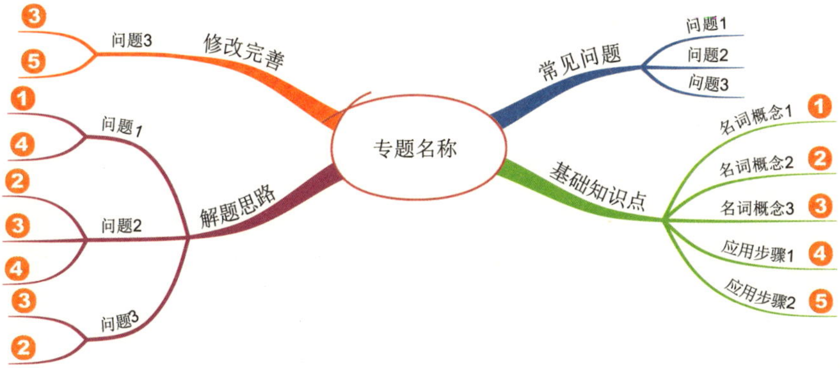

本节导图：

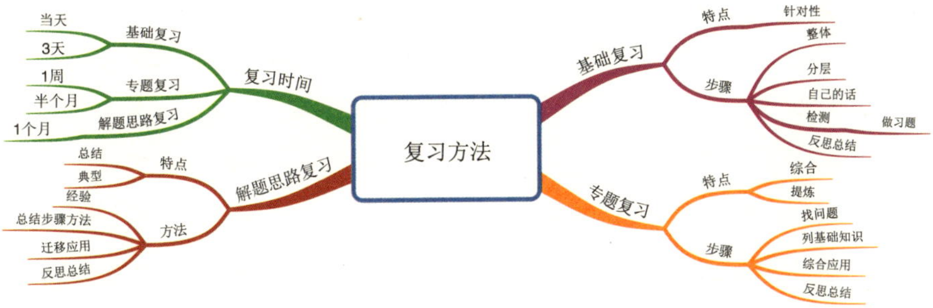

SQ3R 学习法——短期内取得好成绩的应试方法

面对考试，想在短时间内有好的成绩，可以使用 SQ3R 学习方法来进行。SQ3R 分别是 Survey（浏览）、Question（提问）、Read（阅读）、Recite（复述）和 Review（复习）。

先来看第一步，浏览。浏览分为两部分内容，一是浏览考试大纲，二是通过考试大纲确定考点。

上学时期的考试，老师会说考试范围，画一些重点；工作以后的考试，没有老师画重点，就需要自己通过考试大纲了解考试范围，自己来画重点。工作以后参加的考试，大部分都会发布考试大纲。比如在职研究生的考试，每一个专业都有对应的大纲，另外 PMP 项目管理考试，也会发布考试大纲。要准备考试，先不要急着开始学，要知道考些什么，找到考试大纲浏览一下，根据考试大纲来安排学习。

考试大纲一般会说明试题有哪些类型，是选择题还是论述题，各类型占比是多少，还会说明哪些东西是需要了解的，哪些东西是需要理解的，哪些东西是需要掌握的。需要了解的内容，只要知道大概内容，一般会出选择题；需要理解的内容要知道其定义、来源、与其他内容的关系等，一般会出简答题；需要掌握的内容要知道整体关系、步骤等，一般会出论述题。如果时间不够，了解的这部分可以不看，只看理解和掌握这两部分就可以。比如 PMP 项目管理的考试大纲就说明需要了解项目管理发展历史，理解项目定义，掌握项目成本预算等。发展历史大概看看就行，项目定义是要理解并记忆的，而成本预算是需要结合实例来分析的。

如果没有大纲，可以找一些考试指南类的资料，这一类资料也会说明哪些是重点，哪些不是重点。没有大纲，也没有相关的资料，重点就是掌握各种基础知识。因为无论是选择题、填空题、判断题，还是论述题等，都和基础知识有关。选择题、填空题都是根据基础知识来的，论述的前提条件也是把相应的基础知识列出来，再进行阐述，就算只把基础知识说清楚，也能得一些分数。

浏览完考试大纲，接下来拿出考试资料，先根据大纲在目录上标注一下，哪些章节是需要重点看的，哪些章节是可以不看的。如果只看目录看不出内容，可以采用快速阅读的方法，通过浏览每个章节的标题、引言、小结、特殊字体、图表等来确认内容，根据内容来标注重点和非重点。项目管理教材的第一章节说的是发展历史，标为不重要；第二章节说的是什么是项目，通过快速阅读，找到对项目的定义，标明一下，在后面的章节找到成本预算的方法也标明出来。

标注后可以把这些内容整理成一张思维导图，以便更直观地看到考试范围。

明确考试范围

知道了考试范围，接下来是第二步，提问。先来问自己三个问题：

1. 关于该门知识，自己已经知道了哪些？

2. 关于该门知识，自己还有哪些不知道？

3. 这些不知道的知识，在考试大纲中的要求是什么？

自己之前接触过项目管理，对进展把控等还是有所了解的，但完全没接触过成本预算。而成本预算方法在大纲中是要求掌握的。通过提问，可以让自己对所学内容先有大体的了解，也可以更好地安排学习。已经知道的知识，时间紧，可以先不看，重点放在自己不知道的出现在考试大纲上的知识。

不确定自己是不是知道的，可以通过做题来检测。先不看详细内容，直接做一些题。根据自己已知的知识来回答，看看能回答出多少。能回答出来的是已经掌握的，回答不出来的就需要自己重点去看。

关于什么是项目，试着回答一下，就是很多人一起完成一件事，先记下这个答案，然后对照标准答案来看，自己只回答出一半，没有体现出“临时性”。而关于项目成本怎么预算，这个完全答不上来，就需要自己重点来学习。把这些也在思维导图上标明。

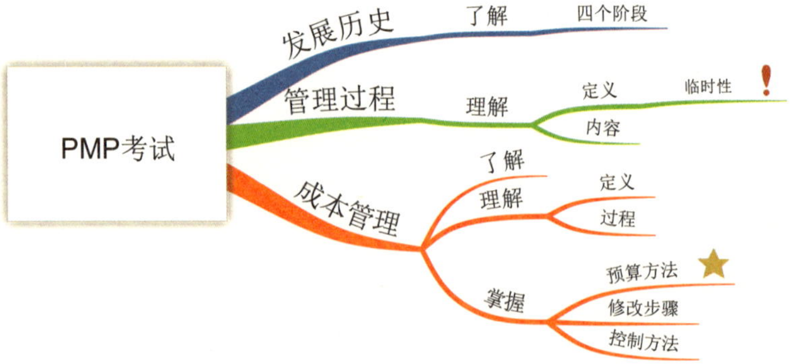

明确学习重点

做完这些，才正式开始第三步阅读，也就是认真学习。

在时间比较紧张的情况下，刚才通过提问已经掌握的可以快速地看，回答不上来的、不理解的重点部分，需要多读几次。可以采用快速阅读中加强理解的方法对基础定义、概念等进行理解。

学习完成后进入第四步，复述。就是用自己的话重新解释基础定义和概念，这一步在第三步中就需要做，所以这一步对照到应试上可以改为加强记忆。把基础的概念、定义、方法、步骤等进行记忆。记忆的时候不需要死记硬背，可按照第七章用思维导图的方式来进行记忆。

记忆完成后，接下来是最后一步，复习。采用上一节的方法，基础复习、专题复习和解题思路复习来进行。同时需要注意，在应试的学习过程中一定要多做题，不要只是记理论，最好多做一些历年真题，可以熟悉试卷的结构和出题的规律，也能让自己早点适应考试。

本节练习：

1. 参照下方模板，将自己所学的对照考试大纲进行整理，明确考试范围。

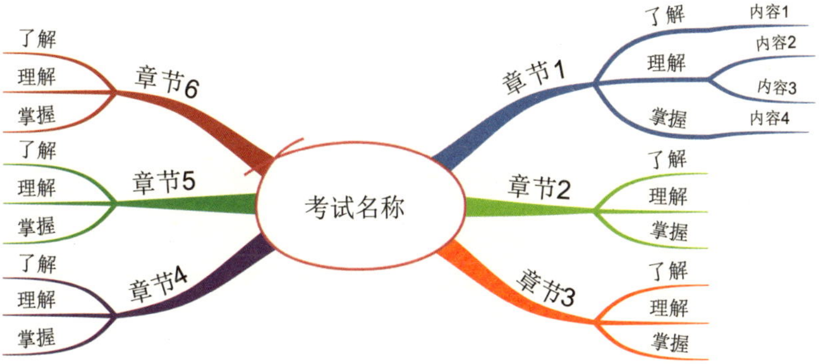

2. 完善导图，标明重点和难点，并重新安排学习时间。

本节导图：

考试准备——如何用思维导图备考

复习好了，接下来就需要准备考试。备考和考试同样可以用思维导图来进行。

在考试前，需要多次复习，并且做很多题。根据复习和做题的结果，可以把自己最容易记错和做错的内容用思维导图整理出来。再来找自己答错的原因，是基础知识没掌握、没记住，还是根本没理解。通过分析，找到原因，才能更好地提高成绩。

先来做下面这道题，看看自己是不是已经掌握项目的定义。

下列属于项目的有（　　）。

A. 会计记账

B. 建立一个信息系统

C. 文件收发

D. 征收开票

正确答案是 B。

项目的定义是“项目是为了创造独特的产品、服务或成果而进行的临时性的工作”。如果做上述这类题经常出错，说明自己对项目的范围还不理解，需要把这个知识列在易错的思维导图上，再来分析自己为什么会出错。这道题出错是因为对项目的临时性还不理解。会计记账、文件收发、征收开票等，并不是临时的，而是长期的固定的工作内容，只有建立信息系统是建好后就结束的。可以把这些常见的选项也列到思维导图上，多看多做，就不容易出错了。

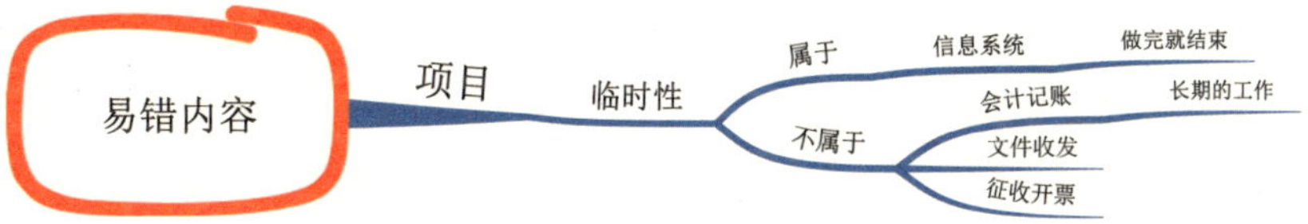

易错导图

每次复习时还要对思维导图进行整合。一开始学习时用思维导图做的笔记内容会非常多，经过多次复习，将不理解的部分理解了，不好记的部分记住了，这些内容就可以删除，只留下没记住的、不理解的和重点的内容，确保在考试前，拿到的思维导图是比较简洁的。这样在考试前，就可以实现轻松冲刺，别人还在翻一整本书，而你只需要看一张图，这样是不是更高效？

一开始对如何用思维导图做课堂笔记这部分内容做的学习笔记比较多，这是为了方便刚开始学习时对内容进行回顾和理解，所以所有内容都比较详细，也不管哪些会考、哪些不考。

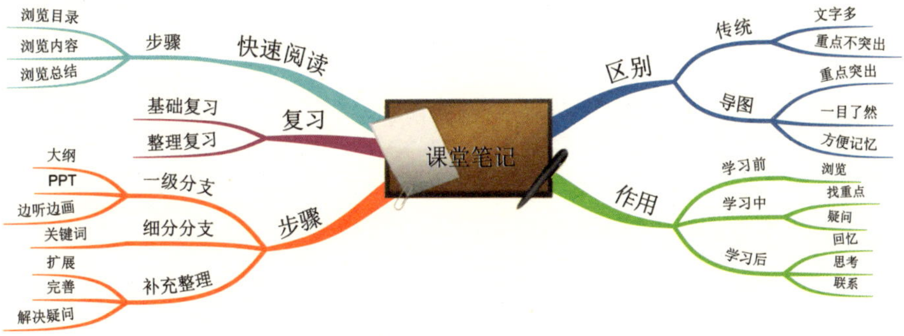

学习时做的笔记

经历过多次复习后，可以把不会考的关于区别的内容删除；也可以把自己已经记住和理解的快速阅读、复习步骤等删除，只留下自己还没记住的笔记作用和步骤。还可以把自己没记住、没理解的部分标注一下，引起自己的注意。

复习后做的笔记

做完这些，接着就迎来了考试，在考试过程中，也可以运用思维导图。

上学时，老师说考试时拿到卷子，不要马上就答，要先把卷子翻一翻，看看一共有几页，都有哪些题型，另外看看哪些是难的，哪些是容易的，哪些占的分数比较大，哪些占的分数比较小，根据这些来安排时间和答题顺序。这些同样可以画张思维导图，让大脑集中在答题上，而不是一开始安排好了，一答题又乱了，结果在占分数少的题上花了太多时间，分数多的题却没时间做。

现在拿到项目管理的试卷，先翻一翻，知道了题型有选择题、判断题、简答题和论述题。其中简答题之前没见过，不知道怎么答，另外论述题一共两道，最后一道也没见过。这两类占的分数还是不少的，所以需要多花一些时间来解答，要留出足够的时间。

答题安排

在遇到一些选择题、判断题，不知道该怎么做时，也可以快速地画张简单的思维导图来整理，自己判断正确的理由是什么，错误的理由是什么，相关的知识点是什么。这样能够快速厘清思路，做出正确的选择。

还是这道题，不确定选择哪个时，就可以简单地画张思维导图明确一下。

下列属于项目的有（　　）。

A. 会计记账

B. 建立一个信息系统

C. 文件收发

D. 征收开票

会计记账是长期做的，没有结束时间；信息系统做完就结束了，再做就是新的一期，有开始时间和结束时间，这是符合项目的定义的；文件收发没有确定的开始时间和结束时间，来了就收，有人发就发；征收开票这也是经常性的，没有结束时间。这样分析完，就能确定选择 B 了。

做出选择

最后做一些大题，比如语文要写作文，经济学要写论述题等，这就相当于要写一篇文章，同样可以先用思维导图来搭框架。准备从哪几个方面来写，会用到哪些知识点，先列出来；接着再细化、扩展一下；最后从整体上看看哪部分需要补充，哪部分需要调整。完成这些再去答题，可以避免跑题，或者全部答完后想加又没法加了。有了思路再去答题，会更好一些。

厘清思路

本节练习：

1. 找一份历年真题试卷，参照下方模板，安排一下答题时间。

2. 遇到不知如何回答的题，尝试画张思维导图来整理一下。

本节导图：

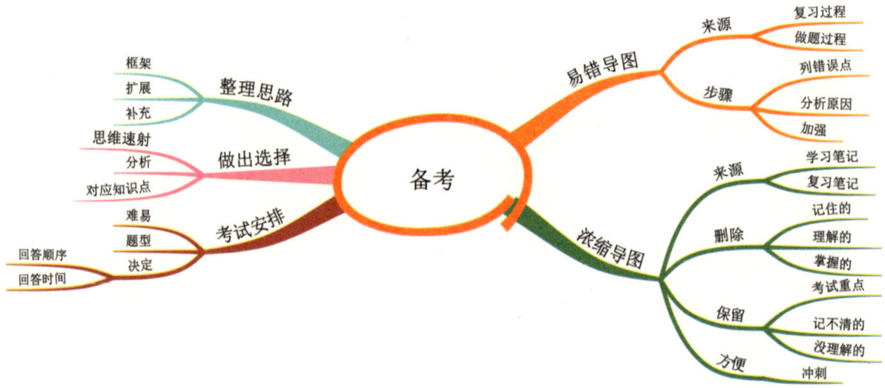
备考
整理思路
框架
扩展
补充
做出选择
思维速射
分析
对应知识点
考试安排
难易
题型
决定
回答顺序
回答时间
易错导图
来源
复习过程
做题过程
步骤
列错误点
分析原因
加强
浓缩导图
来源
学习笔记
复习笔记
删除
记住的
理解的
掌握的
保留
考试重点
记不清的
没理解的
方便
冲刺

第九章

告别杂乱无章，让生活变得井井有条

断舍离——如何用思维导图为生活减负

“断舍离”这个词现在经常被提及。很多人都想过上极简的生活，让自己的生活过得更轻松一些，这样可以保持好的心情、好的状态。试想一下，当你分别进入两个房间，一个东西很多，而且堆得到处都是；另一个东西简简单单，摆放得整整齐齐，进入哪个房间心情会好一点？

环境不仅会影响自己的心情，也会影响自己做事的效率。书桌上摆满了书，当你准备开始学习时，要在一堆书中找到要学的，好不容易找到了，遇到问题需要查资料，又要在混乱的书架中找。找这些东西就会浪费很多时间，学习效率和效果都不会太好。

“断舍离”听着比较简单，但真正执行起来还是有很多人不知道如何下手，因为面对一堆混乱的东西，思维也会混乱，这就可以尝试用思维导图来进行。还有就是犹豫不决，什么也舍不得扔，同样可以用思维导图做决策的方法来进行。现在一起针对你现在的家进行“断舍离”。这里推荐用电脑软件来画思维导图，一是东西比较多，纸上空间有限，不好画；二是分支结构需要多次调整，所以用软件来画更方便一些。

要“断舍离”，首先要知道你到底有多少东西要处理。找个周末，将家里全部整理一遍，把所有需要处理的东西拿出来，先进行一个大的分类，并在思维导图上画出不同的分支，比如图书、衣服、日常用品、食品等。

整理分类

接着把每件东西过一遍，并将这些写到对应的分类分支下。如果这个分类下的东西比较多，还可以继续分类。现在要整理的书比较多，可以根据书的内容再细分一下，分为时间管理、理财等。接着把书的名字写到对应的分类下，最终可以看到自己现在有多少本书。

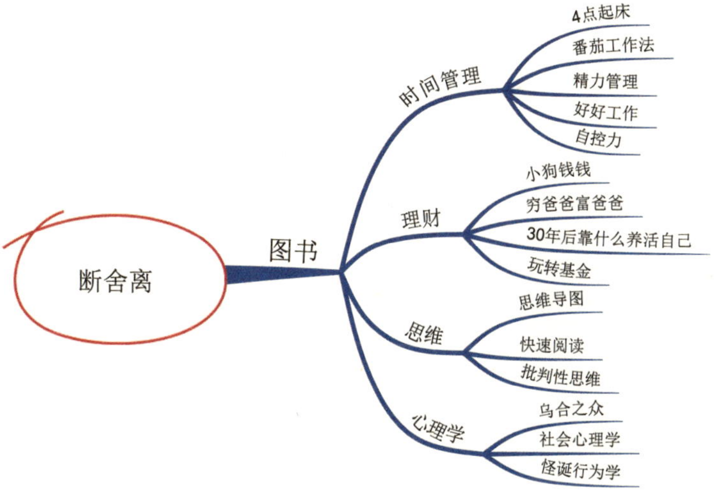

列出所有

很多人喜欢买书，看到好的书就想买回来，结果就会有重复的。之前买过《好好工作》这本书，因为一直没看，以为自己没有，看到有活动就又买了一本。现在将所有的书都过一遍，书名都写出来，就会发现这些问题。建议重复的只留一本，多的可以送人或者当二手书卖掉。全部书名都写出来，也能发现自己买的书实在太多了，但看过的没多少，可以减少再次购买的冲动。其他分类也是类似的操作。

弄清楚自己现在拥有的东西后，继续处理。在每个分类下再画三个分支，分别是保留、扔掉和犹豫，并将刚才列出的拖到对应的分支下。这本书已经看过，后面也不会再看，可以直接放到“扔掉”的分支下。比如一些考试用书，考试结束后就不会再看了，可以放到“扔掉”的分支下。如果看过了，觉得很经典，还想再看，那就放到“保留”的分支下。如果某本书不知道应该扔掉还是保留，就先放到“犹豫”的分支下。一本书，从来没看过，扔了可惜，放着又不看，这种情况下就可以放到“犹豫”的分支下。

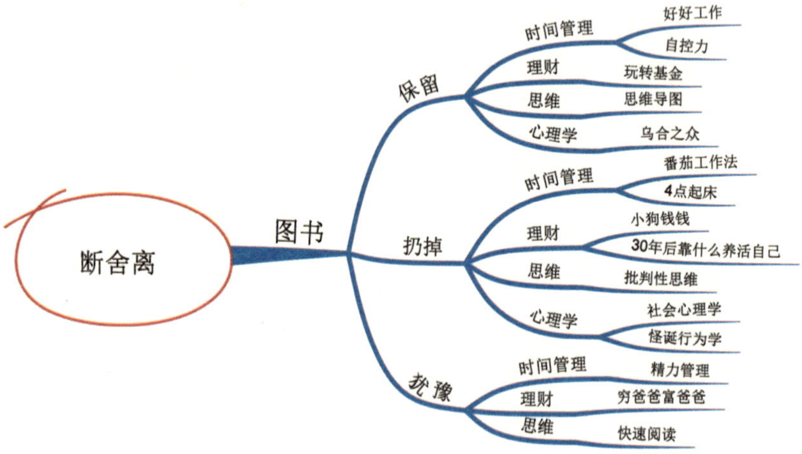

处理结果

“断舍离”做不好，就是因为很多时候无法决定是扔掉还是留着。所以，接着重点对这些犹豫的事物进行分析处理。用到第四章做双值决策的方法，因为只有两个结果，扔还是留。再画两个扔和留的分支出来，后面分别列举好处和坏处。

《精力管理》这本书要扔掉是因为它的内容已经过时，扔掉可以重新买一本书来更新自己的知识；而且另一本书上已经有差不多的内容，看那一本就可以了；扔了可以节省一些空间，本来租住的地方就小，书放多了剩余空间就更小了。坏处就是怕万一以后用到的时候还要重新买。留下的好处是可以随时看。坏处是占空间，后面搬家会很不方便；一直不扔自己的知识也得不到更新。在列举的时候，发现“扔”和“留”哪个好处多就选哪个。扔掉的好处比留下的多，就直接扔掉吧。建议有“万一”的想法时也选择扔掉，因为后面再用到的可能性是很低的。

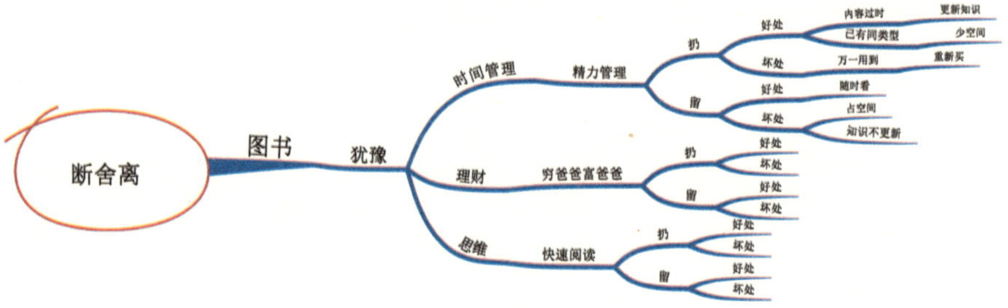

处理决策

列举完还是做不了决定，就需要通过打分、加权重的形式来进行，具体方法可以回顾第四章第二节的方法。

决策完成后，将决定留下的放到保留分支下，决定扔掉的放到扔掉分支下，最终“断舍离”的结果也就出来了。留下保留的，将扔掉的集中处理一下。在这一过程中不要再去做决定，因为大部分再做出的决定就是舍不得扔了，让自己狠心一些，做出决定就不要再想了。

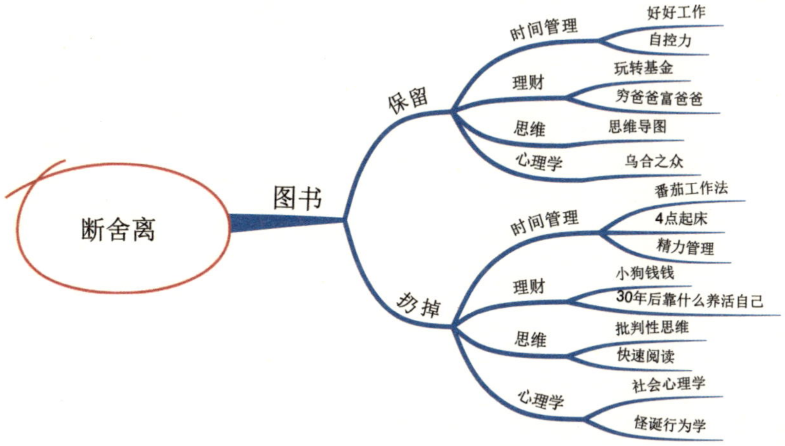

“断舍离”结果

本节练习：

参照下方模板，对现有的书籍进行整理。

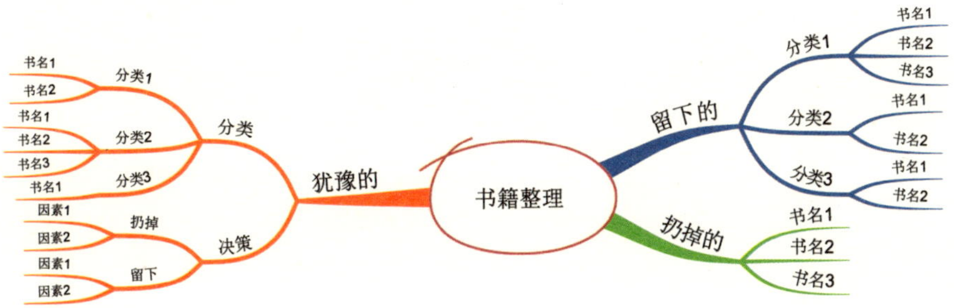

本节导图：

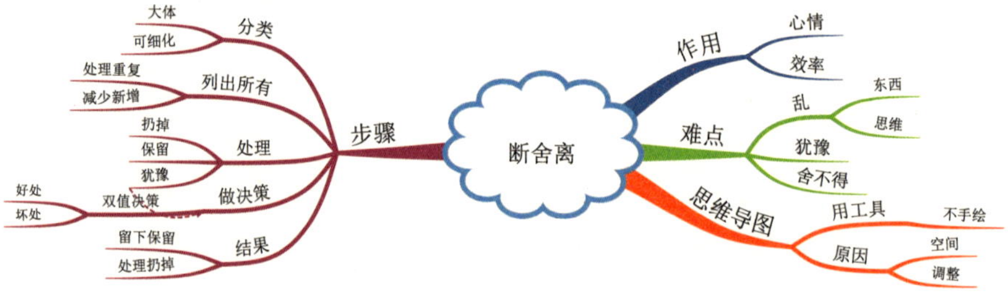
断舍离
步骤
分类
大体
可细化
列出所有
处理重复
减少新增
处理
扔掉
保留
犹豫
做决策
双值决策
好处
坏处
结果
留下保留
处理扔掉
作用
心情
效率
难点
乱
东西
思维
犹豫
舍不得
思维导图
用工具
不手绘
原因
空间
调整

收纳整理——如何用思维导图整理衣柜

“断舍离”是要学会放弃，减少非必需的事物，给自己一个清爽的环境。东西是少了，但不会整理，时间久了也不好找，所以还要学会收纳整理。本节我们以衣柜为例来看看如何用思维导图进行收纳整理。

现在打开你的衣柜来看一下，男生可能还简单一些，女生大多数都是堆得满满的。已经有这么多衣服，但穿的时候还是不知道该穿什么，还是觉得衣服少。通过整理，可以让自己对已经拥有的衣服一目了然，快速找到要穿的，再把一些不喜欢的、不能穿的、不搭配的“断舍离”，只留下适合自己的。

首先还是把所有的衣服都拿出来，按季节来分类。这里不需要按春夏秋冬这四个季节来分，因为春天和秋天气候相似，同类型的衣服可以在这两个季节穿，所以把季节分为春秋、夏和冬这三类。在思维导图上画出三个分支，标上春秋、夏和冬。这部分还是建议用软件来画，因为会用到很多图片，分支结构也需要大的调整。

画分支

如果家里人比较多，衣服也比较多，可以继续按人来细化分类，分为老公的、自己的、小孩的、父母的。如果有两个小孩，也需要分开。

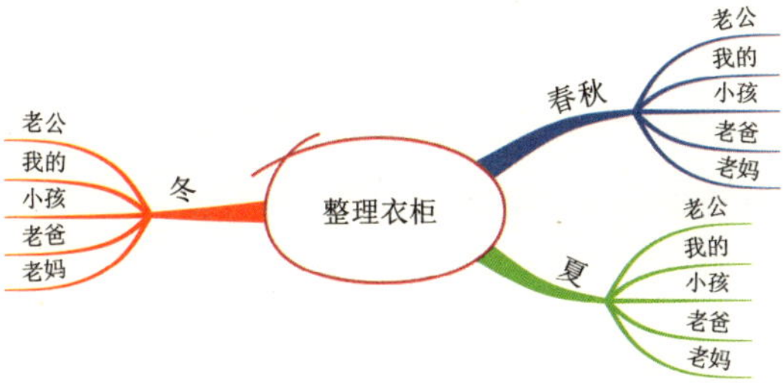

按人分

接着给衣柜中的每件衣服拍张照片，把拍好的照片放到对应的分支里，比如夏天穿的衣服就放到夏的分支里，是谁的衣服就放到谁的分支里。如果衣服是套装可以合起来拍成一张。拍照的同时需要检查一下衣服，如果是已经坏的、不能穿的，就直接放在一边，这些是需要处理的。因为全部要插入照片，如果衣服比较少，看起来还好，如果衣服多就会看着眼花缭乱，还会发现原来自己有这么多衣服，可以减少再购买的冲动。

如果每个人的分支下衣服还比较多，可以继续新增分类，划分为外套、上衣、裤子、内衣、配饰等，把衣服的照片放到对应的分类里。如果衣服比较少，可以不继续划分。

整理完可能会发现同一类型、同样款式的衣服已经有很多。运动裤已经有两条，而且都是蓝色的，其他类型的裤子却没多少，这就需要再处理一下。同一类型、同样款式的衣服只留下一件到两件就可以了，其他类型的可以增加一些。运动裤可以只留下一条，再买一些休闲裤或者牛仔裤。自己特别喜欢运动裤，那就买些其他颜色的。这一步也有人发现一些衣服是自己从来没穿过的，那就来决定一下自己还穿不穿，不穿的同样可以处理掉。

处理了一些，剩下的衣服还需要搭配成套。搭配成套的好处一是可以节省时间，下次不需要再花时间去想该怎么搭配，直接拿出一套就可以了；二是可以减少衣服，有些衣服单件看是不错，但搭配起来看就不怎么样了，这样的衣服也需要处理，或者下次再买衣服时，可以根据已有的、单件的衣服来选择；三是将衣服按套来存放，下次再找的时候就不用乱翻，拿取时都是成套的。

上衣加裤子，再加件外套，看看合不合适，如果合适，这就是一套了。并不是一件衣服只有一种搭配，同样地，一条裤子可能会和好几件上衣搭配，可以复制后放到不同的分支里，也可以用交叉线连起来，最终形成不同的组合。没法搭成一套的，要扔掉的就直接删除，要重新买的就先保留，买到后还是通过照片来搭成一套。最终形成思维导图，这样就对自己的衣服更加了解了。

插入衣服照片

三级分类

搭配成套

最后把衣服按套放好，如果衣柜够大，就都挂起来；如果衣柜不够大，可以按套叠放起来。这样把思维导图打印出来贴在衣柜上，今天想穿哪套，直接打开衣柜取出就行。

本节练习：

参照下方模板，盘点下自己现在有多少衣服，一共可以搭配几套。

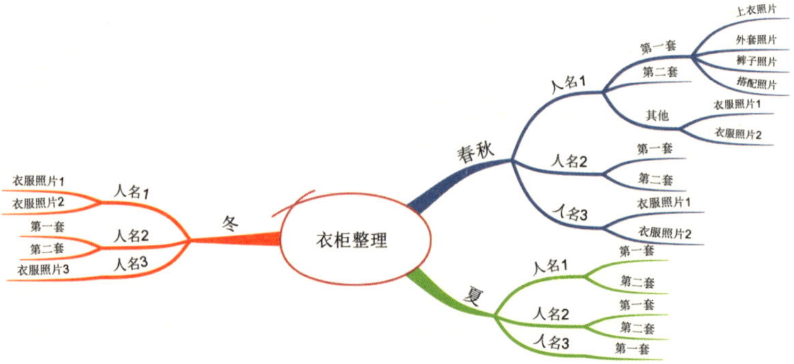

本节导图：

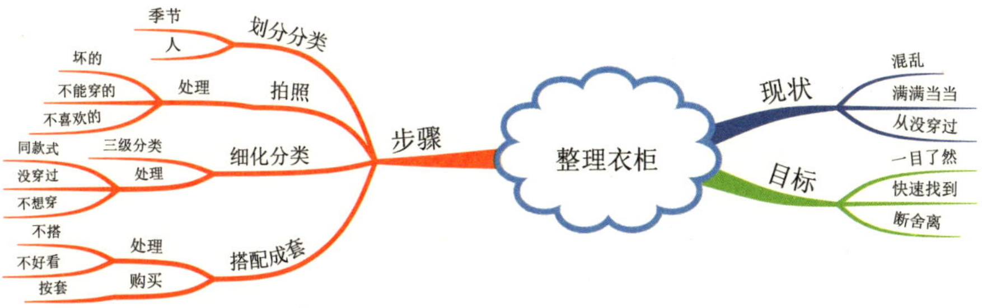
整理衣柜
现状
混乱
满满当当
从没穿过
目标
一目了然
快速找到
断舍离
步骤
划分分类
季节
人
拍照
处理
坏的
不能穿的
不喜欢的
细化分类
三级分类
处理
同款式
没穿过
不想穿
搭配成套
处理
不搭
不好看
购买
按套

轻松选购——如何用思维导图制定购物清单

你有没有遇到过这种情况？做晚饭需要一瓶醋，于是去超市买醋，进去之前想着拿了醋就走，结果看到各种调料都在打折促销，不想错过，不管现在有没有用，先都买了。等出了超市才想起来醋没买，只能返回去再买。回到家要做饭了，又发现盐没了，只能再跑一次。要买的没买到，该买的也没买到，却买了一堆用不着的东西。如果能在进超市之前列一个清单，可以减少一些冲动性消费，也能减少一些遗漏。

而用传统列表的形式来写清单，只能是想到什么写什么，想到醋就只写醋，而想不到还需要盐。换成用思维导图来写，可以整理发散思维，从醋想到盐，这样能把需要的东西一次性买齐。

用思维导图来做购物清单第一步还是采用传统的方式，先把你这次需要买的东西列出来。这次要买醋、西红柿、鸡蛋，还要买几双筷子，先把这些列出来。

列商品

接着重新归类，醋属于调料类，就放到调料分支下；西红柿和鸡蛋属于菜类，就放到菜的分支下；筷子属于日常用品类，就放到日常用品分支下。

整理归类

有了分类，接着对每个分类进行发散。调料类别除了醋还有没有其他需要的，如果不确定，可以进厨房看看哪些调料快用完了，这样可以一次性买齐。还有菜类，自己今晚准备做什么菜，原料够不够。还可以顺便想一下明天的早餐吃什么，想喝牛奶、吃面包，那就需要新增饮品和食品的分类。不想每天去超市，还可以把后面几天需要的一起买了。后面几天想吃排骨、面条，没有对应的分类就可以新增。

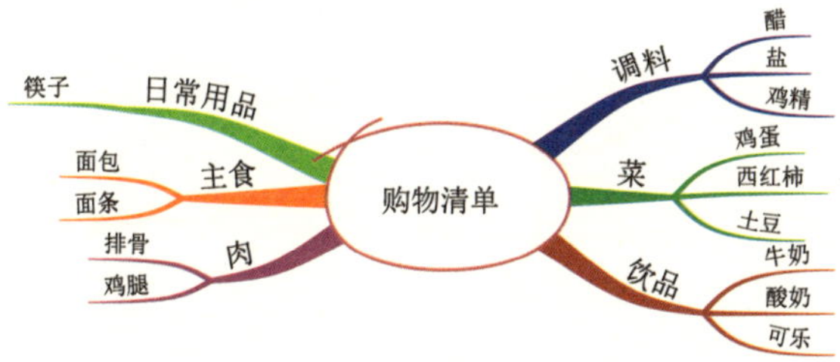

发散补全商品

将商品补充完，在东西比较多的情况下会显得比较乱，所以需要对分类重新进行整理，改为从大的分类到小的分类来进行。菜、饮品、肉、主食都可以放到食品分支下，针对食品还可以继续展开，看看还有没有其他需要的，比如零食、水果等。

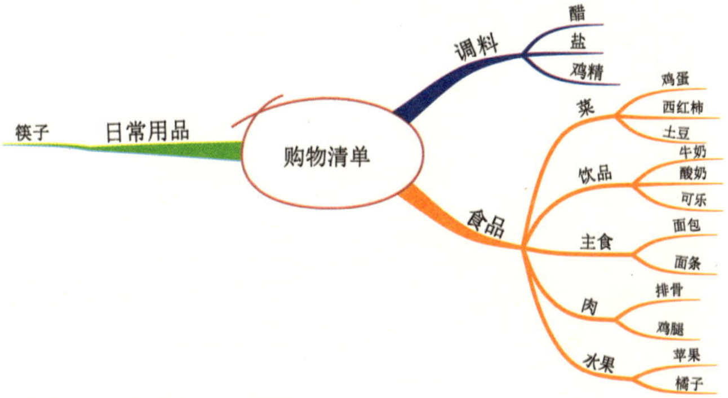

重新整理分类

因为要把后面几天吃的东西买齐，但现在面对列出的商品，还是感觉有些乱，好像还少一些东西，可又说不上来还要买什么。这时候可以再次调整分支，改成按天，按早餐、晚餐来进行。上班族一般是在外面吃午餐，所以可以不列午餐，如果你的午餐要自己做，就列出来。再把想做的菜名列上，根据菜的名字再查看一遍需要的商品，把缺少的再补充上去。根据要做的菜再看看调料类有没有缺少，如果有就再补充上去。这样完成的清单可以说是比较完整的了。

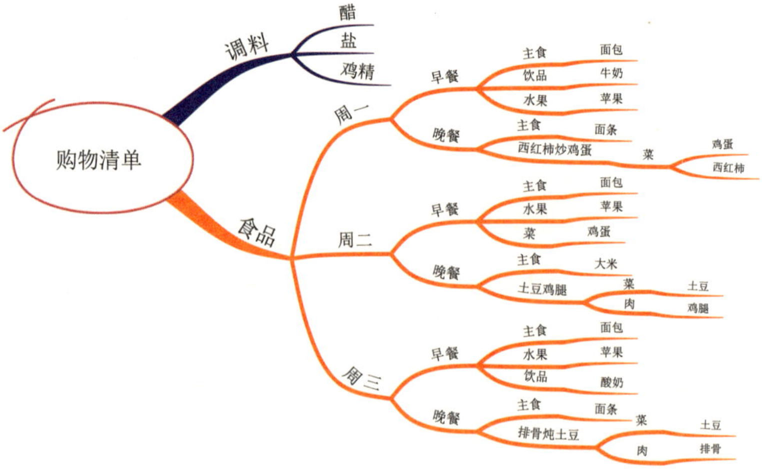

查看遗漏商品

到这一步，需要的商品都已经列出，接着还需要明确一下数量，这样采购的时候才能心里有数，不会买多也不会买少。西红柿只做一个菜，3 个中等大小的就够了，鸡蛋因为后面几天都会吃到，一次 2 个，一周 14 个，买多了不新鲜，所以就买 14 个。其他的也一样，根据自己家里的人数、菜量等来评估数量。

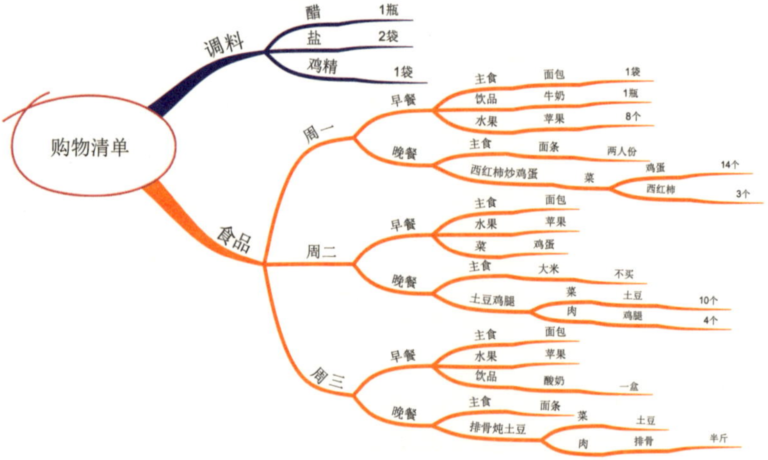

明确购买数量

到这一步，购物清单已经明确了具体商品和数量，如果你在理财，需要控制支出，还需要根据预算来调整商品，可以减少一些不必要的商品或者减少数量。每个月的饮食支出需要控制在 1000 元以内，现在已经花了 500 多元，还有 10 多天这个月才结束，所以这次支出需要控制在 150 元以内。根据这个金额再来看一下购物清单，西红柿、鸡蛋这些是必需的，支出大体在 20 元内；水果是可以取消的，直接删除。排骨现在贵，那就改个菜，改成便宜的西红柿炒鸡蛋，那对应的西红柿和鸡蛋数量就要调整。这只是根据之前的价格进行大体评估，在购买的时候还要根据实际的金额来调整，不要超出太多就行。

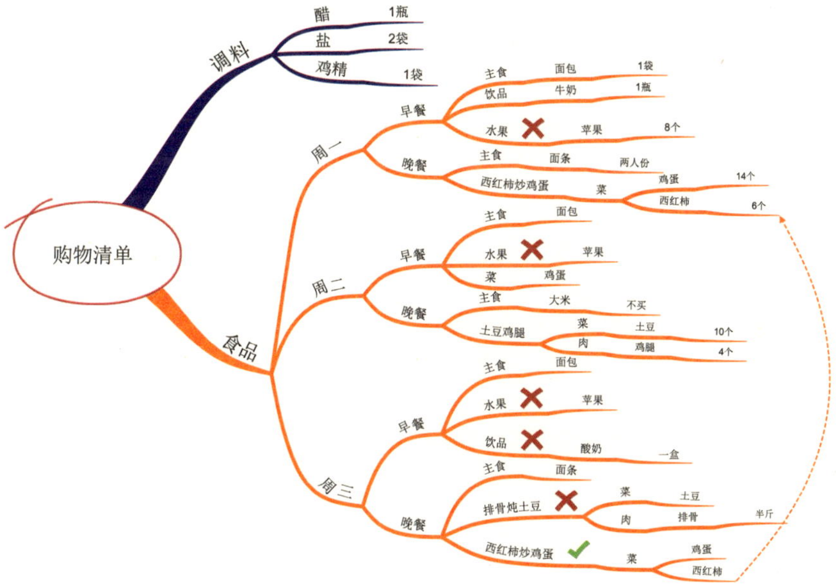

调整清单

这样一个完整的购物清单才算完成，拿着单子去采购，不会有遗漏，也不会超支。

本节练习：

参照下方模板，先对你想要购买的商品进行分类。

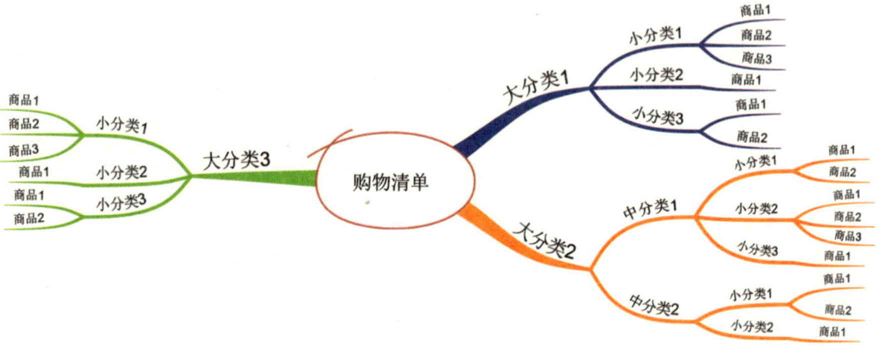
购物清单
大分类1
小分类1
商品1
商品2
商品3
小分类2
商品1
小分类3
商品1
商品2
大分类2
中分类1
小分类1
商品1
商品2
小分类2
商品1
商品2
商品3
小分类3
商品1
中分类2
小分类1
商品1
商品2
小分类2
商品1
大分类3
小分类1
商品1
商品2
商品3
小分类2
商品1
小分类3
商品1
商品2

本节导图：

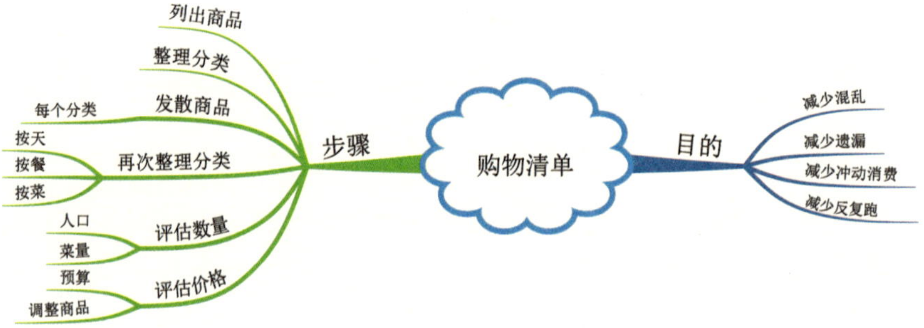
购物清单
步骤
列出商品
整理分类
发散商品
每个分类
再次整理分类
按天
按餐
按菜
评估数量
人口
菜量
评估价格
预算
调整商品
目的
减少混乱
减少遗漏
减少冲动消费
减少反复跑